U0397770

江晓原 主编

科学发现：
揪住自然的尾巴尖

Discoveries
of
Science:

Catching the Tip of Nature's Tail

江晓原科学读本

上海教育出版社

2

目录

导言

江晓原

科学与科学精神

"什么是科学"与"什么是科学精神"都是非常难以确切回答的问题。下面是当代学者对科学的较为可取的特征描述：

A. 与现有科学理论的相容性：现有的科学理论是一个宏大的体系，一个成功的科学学说，不能和这个体系发生过多的冲突。

B. 理论的自洽性：一个学说在理论上不能自相矛盾。

C. 理论的可证伪性：一个科学理论，必须是可以被证伪的。如果某种学说无论怎么考察，都不可能被证伪，那就没有资格成为科学学说。

D. 实验的可重复性：科学要求其实验结果必须能够在相同条件下重复。

E. 随时准备修正自己的理论：科学只能在不断纠正错误不断完善的过程中发展前进，不存在永远正确的学说。

在此基础上，对于科学精神比较完整的理解也可以包括：

理性精神——坚持用物质世界自身来解释物质世界，不诉诸超自然力。

实证精神——所有理论都必须经得起可重复的实验观测检验。

平等和宽容精神——这是进行有效的学术争论时所必需的。所有那些不准别人发表和保留不同意见的做法，都直接违背科学精神。

不能将科学精神简单归结为"实事求是"或"精益求精"，尽管在科学精神中确实可以包含这两点，但"实事求是"或"精益求精"仅是常识。

并不是每一个具体的科学家个体都必然具有科学精神。

现代科学的源头在何处

答案非常简单：在古希腊。

如果我们从今天世界科学的现状出发回溯，我们将不得不承认，古希腊的科学与今天的科学最接近。恩格斯在《自然辩证法》中有两段名言：

如果理论自然科学想要追溯自己今天的一般原理发生和发展的历史，它也不得不回到希腊人那里去。①

随着君士坦丁堡的兴起和罗马的衰落，古代便完结了。中世纪的终结是和君士坦丁堡的衰落不可分离地联系着的。新时代是以返回到希腊人而开始的。——否定的否定！②

这两段话至今仍是正确的。考察科学史可以看出，现代科学甚至在形式上都还保留着浓厚的古希腊色彩，而今天整个科学发现模式在古希腊天文学中已经表现得极为完备。

欧洲天文学至迟自希巴恰斯以下，每一个宇宙体系都力求能够解释以往所有的实测天象，又能通过数学演绎预言未来天象，并且能够经得起实测检验。事实上，托勒密、哥白尼、第谷、开普勒乃至牛顿的体系，全都是根据上述原则构造出来的。而且，这一原则依旧指导着今天的天文学。今天的天文学，其基本方法仍是通过实测建立模型——在古希腊是几何的，牛顿以后则是物理的；也不限于宇宙模型，例如还有恒星演化模型等——然后用这模型演绎出未来天象，再以实测检验之。合则暂时认为模型成功，不合则修改模型，如此重复不已，直至成功。

在现代天体力学、天体物理学兴起之前，模型都是几何模型——从这个意义上说，托勒密、哥白尼、第谷乃至创立行星运动

----

① 《自然辩证法》，人民出版社，1971年，第30—31页。
② 《自然辩证法》，人民出版社，1971年，第170页。

三定律的开普勒，都无不同。后来则主要是物理模型，但总的思路仍无不同，直至今日还是如此。法国著名天文学家丹容在他的名著《球面天文学和天体力学引论》中对此说得非常透彻："自古希腊的希巴恰斯以来两千多年，天文学的方法并没有什么改变。"而这个方法，就是最基本的科学方法，这个天文学的模式也正是今天几乎所有精密科学共同的模式。

有人曾提出另一个疑问：既然现代科学的源头在古希腊，那如何解释直到伽利略时代之前，西方的科学发展却非常缓慢，至少没有以急剧增长或指数增长的形式发生？或者更通俗地说，古希腊之后为何没有接着出现近现代科学，反而经历了漫长的中世纪？

这个问题涉及近来国内科学史界一个争论的热点。有些学者认为，近现代科学与古希腊科学并无多少共同之处，理由就是古希腊之后并没有马上出现现代科学。然而，中国有一句成语"枯木逢春"——当一株在漫长的寒冬看上去已经近乎枯槁的树木，逢春而渐生新绿，盛夏而枝繁叶茂，我们当然不能否认它还是原来那棵树。事物的发展演变需要外界的条件，中世纪欧洲遭逢巨变，古希腊科学失去了继续发展的条件，好比枯树在寒冬时不现新绿，需要等到文艺复兴之后，才是它枯木逢春之时。

科学不等于正确

在我们今天的日常话语中，"科学"经常被假定为"正确"的同义语，而这种假定实际上是有问题的。

　　比如，对于"托勒密天文学说是不是科学"这样的问题，很多人会不假思索地回答"不是"，理由是托勒密天文学说中的内容是"不正确的"——他说地球是宇宙的中心，而我们知道实际情况不是这样。然而这个看起来毫无疑义的答案，其实是不对的，托勒密的天文学说有着足够的科学"资格"。

　　因为科学是一个不断进步的阶梯，今天"正确的"结论，随时都可能成为"不够正确"或"不正确的"。我们判断一种学说是不是科学，不是依据它的结论，而是依据它所用的方法、它所遵循的程序。不妨仍以托勒密的天文学说为例稍作说明：

　　在托勒密及其以后一千多年的时代里，人们要求天文学家提供任意时刻的日、月和五大行星位置数据，托勒密的天文学体系可以提供这样的位置数据，其数值能够符合当时的天文仪器所能达到的观测精度，它在当时就被认为是"正确"的。后来观测精度提高了，托勒密的值就不那么"正确"了，取而代之的是第谷提供的值，再往后是牛顿的值、拉普拉斯的值等，这个过程直到今天仍在继续之中——这就是天文学。在其他许多科学门类中（比如物理学），同样的过程也一直在继续之中——这就是科学。

　　有人认为，所有今天已经知道是不正确的东西，都应该被排除在"科学"之外，但这种想法在逻辑上是荒谬的——因为这将导致科学完全失去自身的历史。

　　在科学发展的过程中，没有哪一种模型（以及方案、数据、结论，等等）是永恒的，今天被认为"正确"的模型，随时都可能被新的、更"正确"的模型所取代，就如托勒密模型被哥白尼模型所取代、哥白尼模型被开普勒模型所取代一样。如果一种模型一旦被取代，就要从科学殿堂中被踢出去，那科学就将永远只能存在于此时一瞬，它就将完全失去自身的历史。而我们都知道，科学有着两千多年的历史（从古希腊算起），它有着成长、发展的过程，它取得了巨大的成就，但它是在不断纠正错误的过程中发展起来的。

科学中必然包括许多在今天看来已经不正确的内容，这些内容好比学生作业中做错的习题，题虽做错了，却不能说那不是作业的一部分；模型（以及方案、数据、结论，等等）虽被放弃了，同样不能说那不是科学的一部分。

唯科学主义和哲学反思

近几百年来，整个人类物质文明的大厦都是建立在现代科学理论基础之上的。我们身边的机械、电力、飞机、火车、电视、手机、电脑……无不形成对现代科学最有力、最直观的证明。科学获得的辉煌胜利是以往任何一种知识体系都从未获得过的。

由于这种辉煌，科学也因此被不少人视为绝对真理，甚至是终极真理，是绝对正确的乃至唯一正确的知识；他们相信科学知识是至高无上的知识体系，甚至相信它的模式可以延伸到一切人类文化之中；他们还相信，一切社会问题都可以通过科学技术的发展而得到解决。这就是所谓的"唯科学主义"观点。①

　　正当科学家对科学信心十足，而公众对科学顶礼膜拜之时，哲学家的思考却是相当超前的。哈耶克早就对科学的过度权威忧心忡忡了，他认为科学自身充满着傲慢与偏见。他那本《科学的反革命——理性滥用之研究》(*The Counter Revolution of Science, Studies on the Abuse of Reason*)，初版于 1952 年。从书名上就可以清楚感觉到他的立场和情绪。书名中的"革命"应该是一个正面的词，哈耶克的意思是，科学（理性）被滥用了，被用来"反革命"了。哈耶克指出，有两种思想的对立：一种是有利于创新的，或者说是"革命的"；另一种则是僵硬独断的，或者说是"不利于革命的"。

　　哈耶克的矛头并不是指向科学或科学家，而是指向那些认为科学可以解决一切问题的人。哈耶克认为这些人"几乎都不是显著丰富了我们的科学知识的人"，也就是说，几乎都不是很有成就的科学家。照他的意思，一个"唯科学主义"(scientism)者，很可能不是一个科学家。他所说的"几乎都不是显著丰富了我们的科学知识的人"，一部分是指工程师（大体相当于我们通常说的"工程技术人员"），另一部分是指早期的空想社会主义者及其思想的追随者。有趣的是，哈耶克将工程师和商人对立起来，他认为工程师虽然在工程方面有丰富的知识，但是经常只见树木不见森林，

____

① Scientism 通常译为"唯科学主义"，其形容词形式则为 scientistic（唯科学主义的）。

不考虑人的因素和意外的因素；而商人通常在这一点上比工程师做得好。

哈耶克笔下的这种对立，实际上就是计划经济和市场经济的对立。而且在他看来，计划经济的思想基础，就是唯科学主义——相信科学技术可以解决世间一切问题。计划经济思想之所以不可取，是因为它幻想可以将人类的全部智慧集中起来，形成一个超级的智慧，这个超级智慧知道人类的过去和未来，知道历史发展的规律，可以为全人类指出发展前进的康庄大道，而实际上这当然是不可能的。

从"怎么都行"看科学哲学

科学既已被视为人类所掌握的前所未有的利器，可以用来研究一切事物，那么它本身可不可以被研究？

哲学中原有一支被称为"科学哲学"（类似的命名还有"历史哲学""艺术哲学"，等等）。科学哲学家中有不少原是自然科学出身，是喝着自然科学的乳汁长大的，所以他们很自然地对科学有着依恋情绪。起先他们的研究大体集中于说明科学如何发展，或者说探讨科学成长的规律，比如归纳主义、科学革命（库恩、科恩）、证伪主义（波普尔）、研究范式（库恩）、研究纲领（拉卡托斯），等等。对于他们提出的一个又一个理论，许多科学家只是表示了轻蔑——就是只想把这些"讨厌的求婚者"（极力想和科学套近乎的人）早些打发走（劳丹语）。因为在不少科学家看来，这些科学哲学理论不过是一些废话而已，没有任何实际意义和价值，当然更不会对科学发展有任何帮助。

后来情况出现了变化。"求婚者"屡遭冷遇，似乎因爱生恨，转而采取新的策略。今天我们可以看到，这些策略至少有如下几种：

1. 从哲学上消解科学的权威。这至迟在费耶阿本德的"无政府主义"理论（认为没有任何确定的科学方法，"怎么都行"）中已经有了端倪。认为科学没有至高无上的权威，别的学说（甚至包括星占学）也应该有资格、有位置生存。

这里顺便稍讨论一下费耶阿本德的学说。[①] 就总体言之，他并不企图否认"科学是好的"，而是强调"别的东西也可以是好的"。他的学说消解了科学的无上权威，但是并不会消解科学的价值。费耶阿本德不是科学的敌人——他甚至也不是科学的批评者，他只是科学的某些"敌人"的辩护者而已。

2. 关起门来自己玩。科学哲学作为一个学科，其规范早已建立得差不多了（至少在国际上是如此），也得到了学术界的承认，在大学里也找得到教职。科学家们承不承认、重不重视已经无所谓了。既然独身生活也过得去，何必再苦苦求婚——何况还可以与别的学科恋爱结婚呢。

---

① 费耶阿本德的著作被引进中国至少已有三种：《自由社会中的科学》（上海译文出版社，1990年）、《反对方法——无政府主义知识论纲要》（上海译文出版社，1992年）、《告别理性》（江苏人民出版社，2002年）。

3. 更进一步，挑战科学的权威。这就直接导致"两种文化"的冲突。

"两种文化"的冲突

科学已经取得了至高无上的权威，并且掌握着巨大的社会资源，也掌握着绝对优势的话语权。而少数持狭隘的唯科学主义观点的人士则以科学的捍卫者自居，经常从唯科学主义的立场出发，对来自人文的思考持粗暴的排斥态度。这种态度必然导致思想上的冲突。一些哲学家认为，哲学可以研究世间的一切，为何不能将科学本身当作我们研究的对象？我们要研究科学究竟是怎样运作的、科学知识到底是怎样产生出来的。

这时原先的"科学哲学"就扩展为"对科学的人文研究"，于是SSK（科学知识社会学）等学说就出来了。主张科学知识都是社会建构的，并非纯粹的客观真理，因此也就没有至高无上的权威性。

这种激进主张，当然引起了科学家的反感，也遭到一些科学哲学家的批评。著名的"科学大战"[1]"索卡尔诈文事件"[2]，等等，就反映了来自科学家阵营的反击。对于学自然科学出身的人来

---

[1] 关于"科学大战"，可参阅［美］安德鲁·罗斯主编：《科学大战》，夏侯炳、郭伦娜译，江西教育出版社，2002年。

[2] 关于"索卡尔诈文事件"及有关争论，可参阅［美］索卡尔等著：《"索卡尔事件"与科学大战——后现代视野中的科学与人文的冲突》，蔡仲等译，南京大学出版社，2002年。

说，听到有人要否认科学的客观性，在感情上往往难以接受。

这些争论，有助于加深人们对科学和人文关系的认识。科学不能解决人世间的一切问题（比如恋爱问题、人生意义问题，等等），人文同样也不能解决一切问题，双方各有各的局限。在宽容、多元的文明社会中，双方固然可以经常提醒对方"你不完美""你非全能"，但不应该相互敌视、相互诋毁，只有和平共处才是正道。

但在很长一段时间里，科学和人文这两种文化不仅没有在事实上相亲相爱，反而在观念上渐行渐远。而且很多人已经明显感觉到，一种文化正日益凌驾于另一种文化之上。眼下最严重的问题，在于工程管理方法之移用于学术研究（人文学术和自然科学中的基础理论研究）管理，工程技术的价值标准之凌驾于学术研究中原有的标准。按照哈耶克的思想来推论，这两个现象的思想根源，归根结底还是唯科学主义。

改革开放以来，科学与人文之间，主要的矛盾表现形式，已经从轻视科学与捍卫科学的斗争，从保守势力与改革开放的对立，向单纯的科学立场与新兴的人文立场之间的张力转变。中国的两种文化总体状况比较复杂：一是科学作为外来文化，与中国传统文化存在着巨大差异；二是唯科学主义已经经常在社会话语中占据不适当的地位（这在发展中国家是常见的现象）；三是新技术所造成的社会问题已经出现，如工业环境污染、互联网侵犯隐私、新媒体矮化文化等。

公众理解科学

科学的最终目的，应该是为人类谋幸福，而不能伤害人类。因此，人们担心某种科学理论、某项技术的发展会产生伤害人类的后果，因而产生质疑，要求展开讨论，是合理的。毕竟谁也无法保证科学技术永远有百利而无一弊。无论是对"科学主义"的质疑，还是对"科学主义"立场的捍卫，只要是严肃认真的学术讨论，事实上都有利于科学的健康发展。

如今的科学，与牛顿时代，乃至爱因斯坦时代，都已经不可同日而语了。一个最大的差别是，先前的科学可以仅靠个人来进行。事实上，万有引力和相对论，都是在没有任何国家资助的情况下完成的。但是如今的科学则成为一种耗资巨大的社会活动，而这些金钱都是纳税人的钱，因此，广大公众有权要求知道：科学究竟是怎样运作的，他们的钱是怎样被用掉的，用掉以后又有怎样的效果。

至于哲学家们的标新立异，不管出于何种动机，至少在客观上为上述质疑和要求提供了某种思想资源，而这无疑是有积极意义的。

为了协调科学与人文这两种文化的关系，一个超越传统科普概念的新提法"科学传播"开始被引进，核心理念是"公众理解科学"，即强调公众对科学作为一种人类活动的理解，而不仅是单向地向公众灌输具体的科学和技术知识。事实上，这符合"弘扬科学精神，传播科学思想，介绍科学方法，普及科学知识"的原则。

　　与此同时，在中国高层科学官员所发表的公开言论中，也不约而同地出现了对理论发展的大胆接纳。例如，科技部部长徐冠华在 2002 年 12 月 18 日的讲话中说：

　　我们要努力破除公众对科学技术的迷信，撕破披在科学技术上的神秘面纱，把科学技术从象牙塔中赶出来，从神坛上拉下来，使之走进民众、走向社会……越来越多的人已经不满足于掌握一般的科技知识，开始关注科技发展对经济和社会的巨大影响，关注科技的社会责任问题……而且，科学技术在今天已经发展成为一种庞大的社会建制，调动了大量的社会宝贵资源；公众有权知道，这些资源的使用产生的效益如何，特别是公共科技财政为公众带来了什么切身利益。[①]

　　又如，时任中国科学院院长路甬祥在讲话中认为：

　　科学技术在给人类带来福祉的同时，如果不加以控制和引导而被滥用的话，也可能带来危害。在 21 世纪，科学伦理的问题将越来越突出。科学技术的进步应服务于全人类，服务于世界和平、发展和进步的崇高事业，而不能危害人类自身。加强科学伦理和道德建设，需要把自然科学与人文社会科学紧密结合起来，超越科学的认知理性和技术的工具理性，而站在人文理性的高

[①]《科学时报》，2003 年 1 月 17 日。

度关注科技的发展，保证科技始终沿着为人类服务的正确轨道健康发展。①

　　所有这一切，都不是偶然的。这是中国科学界、学术界在理论上与时俱进的表现。这些理论上的进步，又必然会对科学与人文的关系、科学传播等方面产生重大影响。2002 年底，在上海召开了首届"科学文化研讨会"（上海交通大学科学史系主办），会后发表了此次会议的"学术宣言"，②对这一系列问题作了初步清理。随后出现的热烈讨论，表明该宣言已经引起学术界的高度重视。③

---

① 《人民政协报》，2002 年 12 月 17 日。

② 柯文慧（江晓原定稿）：《对科学文化的若干认识——首届"科学文化研讨会"学术宣言》，载《中华读书报》，2002 年 12 月 25 日。

③ 围绕这份宣言，出现在纸媒和网上的各种讨论和争论，已经形成大量文献。此后数年召开了多次科学文化研讨会，较重要的文献有：柯文慧（江晓原定稿）：《岭树重遮千里目——第四次科学文化会议备忘录》，载《科学时报》，2005 年 12 月 29 日；柯文慧（江晓原定稿）：《一江春水向东流——第五次科学文化研讨会备忘录》，载《科学时报》，2007 年 3 月 15 日。

望远镜天文学的创立 ①

伽利略

| 导读 |

望远镜的最早发明者还留有争议，有人说是荷兰眼镜制造商汉斯·利佩希于 1608 年最早发明的，也有人说是另一位荷兰人詹森发明的，还有人提出其他人选。这些人仅仅把望远镜当作一种令人好奇的玩具来制造。争执他们谁在时间上领先了一步，没有太大意义。首先把望远镜指向天空、用于科学研究的，是伽利略。

伽利略在 1609 年听说了荷兰人的发明，马上想到可以用望远镜来作天文观测，于是立刻亲自动手制造望远镜。在他于 1610 年出版的《恒星的使者》一书中，

---

① 译自 H. Shapley and H. E. Howarth. *A Source Book in Astronomy*，PP41-52［1929］。本文标题以及各节小标题均系 Shaply 和 Hawarth 所加。原文选自 *The Sidereal Messenger*［1610］，由 E. S. Carlos 译成英文［1880］。——原编者

伽利略介绍了他制造出第一架用于天文观测的望远镜的经过。据他自述，用这架望远镜观察物体时，"同肉眼所见相比，它们几乎大了一千倍，而距离只有三十分之一。"伽利略制造的望远镜本质上同荷兰望远镜一样，但是伽利略具备精深的光学知识，所以他的望远镜远比荷兰眼镜制造商们的制品好，以致荷兰人首先发明的这种构造的望远镜后来被称作伽利略望远镜。

伽利略用他的望远镜作出了重大的天文发现，其中最重要的发现是木星周围有四颗卫星围绕它转动。他起先在 1610 年 1 月 7 日看到其中的三颗，几天后看到了全部四颗。为了表示对统治君主的敬意，伽利略把它们命名为"美第奇星"。而现在这四颗卫星被叫作伽利略卫星。木星卫星的发现使得哥白尼构想的太阳系有了一个令人信服的类比。地球不再如地心说所宣称的那样，是天体的唯一绕转中心。

将近 1610 年底，伽利略发现金星像月亮一样也有相位变化。这一发现揭示金星是在绕太阳转动的。他还发现了银河实际上是无数恒星的聚合。他还看到月球上的山，在太阳光的照射下投射出长长的阴影。他还根据阴影的长度估计出山的高度。

伽利略作出的另一项重要天文发现是他在 1610 年 10 月用望远镜观察到太阳黑子，伽利略晚年双目失明，很可能与他长期用望远镜观察太阳有关。发现太阳黑子的荣誉还应该与他同时代的另外两三位天文学家分享。开普勒已经知道太阳表面有黑子存在，甚至没有利用望远镜。法布里修斯在伽利略之前已经用自己的望远镜看到了太阳黑子。另一位较早观察到太阳黑子的是沙伊那。

伽利略用望远镜作出的天文发现，是对当时还占统治地位的亚里士多德学说的一个沉重打击。通过望远镜看到的太阳黑子、月球上的山等驳斥了亚里士多德认为的天体是完美无缺的观点，从而也间接支持了哥白尼的学说。

伽利略在用望远镜作出重要发现的当年，就完成了《恒星的使者》一书，书中对他用望远镜看到的天象作了详细描绘。本文《望远镜天文学的创立》即选自《恒星的使者》。

引　言

在这一简短论著中，我将阐述一些饶有兴味的事情，供所有自然现象的观察者检视和思考。我想，这些事情之所以极有兴趣，首先是由于它们内在的优越性，其次是由于它们绝对的新奇性，最后也由于有这样一种仪器，借助这种仪器使我了解到这些事情。

直到今天，不用人工扩大的视力能够看见的恒星数目可以计数得出来。因此，能对这个数目字添加一些，清清楚楚地看到数以万计以前从未见到过的其他恒星，其数目字超过旧的、以前知道的恒星的 10 倍，这显然是非常了不起的。

此外，月亮离地球几乎远达 60 倍地球半径，如果看到月球仅仅位于近到 2 倍地球半径处，的确是极为美妙和令人高兴的。这样一来，它比原先的月亮看去直径差不多增大了 30 倍，表面积增大了约 900 倍，而体积比仅仅用肉眼来看几乎增大了 27 000 倍，于是使用我们的感官，任何人都可以确切知道，月亮的确不具有光滑锃亮的表面，而是粗糙不平的，就像地球本身表面一样，到处充满着高耸的山峦、深深的峡谷、蜿蜒的沟渠。

再者，为了摆脱关于银河的争论，为了用我们的感官，更不用说用我们的理解力，去弄清它的实质，这绝不是微不足道的事。除此以外，明确指出迄今为止每个天文学家都称之为星云的那些恒星的性质，证明它们具有非常不同于当前人们所相信的那些性质，也是令人愉快的、非常美妙的。但是最使人惊奇的、特别要提醒所有天文学家和哲学家注意的是，我已经发现了四颗行星[1]，在我之前没有任何一个天文学家知道它们或者观测到过它们。就像金星和水星围绕着太阳那样，它们的轨道围绕某个以前知道的明亮的星，有时在它前面，有时在它后面，虽然离开它绝不会超过一定限度。承蒙上帝恩典，首先启迪了我的智慧，几天前借助于由我设计的望远镜发现和观测到了所有这些事实。

或许，借助于类似的仪器，由我或由其他观测者在将来会作出更杰出的其他发现。因此，首先我将简述仪器的形状和制备过程，以及设计它的偶然原因，然后再说明我所作的观测。

———————————————————

[1] 实际上指木星的四颗卫星。——原编者

4

望 远 镜

大约 10 个月前我听到一个传闻，一个荷兰人曾制造了一架望远镜，借助于它，离观测者眼睛很远地方的一个可见物体，看起来显然好像近了很多；传闻还说到望远镜具有极为奇异性能的一些证据，有些人信以为真，而其他一些人深表怀疑。几天以后，从巴黎一位显贵的法国人 J. 巴多维里给我的信中，传闻得到证实。最后我决心要亲自探究望远镜的原理，然后思考用什么办法可以发明出类似的仪器。通过对折射理论的深入研究，不久以后我就如愿以偿，做成了望远镜。我准备了一根管子，最初是铅的，在管子的两端固定两个玻璃透镜，其中一面都是平的，但是另一面，一个是球形凸透镜，另一个是凹透镜。然后我把眼睛贴在凹透镜上，我满意地看到物体又大又近，与单独用肉眼来看相比，距离看来只有三分之一，因而物体放大了 9 倍。不久以后，我制造了另外一架更好的望

从观测到所描述的这些天象到写出书来，伽利略只用了很短的时间。科学知识在当时的传播速度已是非常快了。

伽利略的父亲是个乐师和乐器制造者，伽利略有很强的动手能力，这在他小时候帮他父亲制作乐器时就培养起来了。伽利略制造的望远镜是当时最精良的。他还曾经制造一种计算尺，并出售以贴补家用。

远镜，它可以把物体放大六十多倍。最后，不遗余力，不惜工本，我又制造出一架非常高超的仪器，通过它看到的物体几乎放大了1 000倍，与单独用肉眼来看相比近了三十多倍。

最初的望远镜观测

列举观测次数，列举在陆上或海上使用这个仪器期望得到什么重大利益，那完全是浪费时间。但是我不去注意地上目标的观测，而用来观测天体。首先我看到月亮好像离地球仅仅只有两个地球半径那么远。在观测月亮之后，我又以令人难以置信的兴奋心情观测其他天体，既包括恒星也包括行星；当我看到如此繁多的恒星以后，我开始考虑用什么办法可以测量它们相隔的距离，最后我找到了一个办法。打算把注意力转向这类观测的人，一定要注意这样一些事。首先，必须准备一架最完善的望远镜，一架可以清晰地看到遥远明亮天体的望远镜，它至少能放大400倍，使相隔的距离看来好像只有原来的二十

伽利略手制的折射望远镜

分之一。除非仪器具有这样的能力，否则要想看到我在天上已经看到的一切，或者试图看到下面将要列举的事情都是徒劳的……

月亮上山和谷的观测

首先我来说说对着我们的月面。为了更容易理解起见，我把它区分成两部分：较亮部分和较暗部分。较亮部分似乎是环绕并充满整个半球；但是较暗部分则像一种云，使月面褪色，使月亮看起来像覆盖着一些斑点。这些斑点，因为比较黑且相当大，各种年龄的人都看到过它们，因此我称它们为巨大斑点或古老斑点，以便把它们与另外一些斑点区分开来，后者比较小，但是分布得非常密集，散布在整个月球表面，特别是在月面的明亮部分。在我之前从来没有任何人观测到过这些斑点；从我对它们的观测，经常重复的观测，我得到这样的看法，这点我已经叙述过，即我确信月面不是完全光滑、非常平坦、精确球形的，这和一大批哲学家对月亮和其

这是人类首次目睹月亮的真实面貌。也许真实的东西并不浪漫，但月球的这种与地球类似的不完美性向亚里士多德的完美天体理论提出了有力的挑战。

他天体的认识不同；恰恰相反，月亮表面崎岖不平，到处坑坑洼洼，节节疤疤，正如我们地球表面处处不平坦，这里是高耸的山峦，那里是深深的峡谷。

我之所以得到这些结论是由于看到了如下外观：在新月以后四五天，当月亮以明亮的弯角形呈现在我们面前时，把阴影部分与明亮部分分开的边界并不是一条光滑的椭圆曲线，而作为完全球体情形应当是这样的。实际上边界是一条不规则、不光滑的波状线……有几个明亮的"瘤子"（可以这样称呼它们），超越亮部和阴影的边界，延伸到黑暗部分。另一方面，阴影又蚕食了明亮部分。不仅如此，还有大量的小黑斑，完全与黑暗部分分开，散布在被阳光照耀的几乎整个区域，只是被巨大的和古老的斑点所占据的地方除外。我注意到刚才提到的那些小斑点总是具有如下共同特点，即在每种情况下靠近太阳的那一边具有黑暗的部分，而离开太阳的那一边具有较明亮的边界，就好像它们是由闪闪发光的顶冠装饰起来似的。这十分类似于地球上日出时的情景，当我们观看尚未被阳光照耀的山谷时，对着太阳环绕它们的那些山上，早已是阳光灿烂，当太阳越升越高时，峡谷中的阴影便越来越小。月亮上的那些斑点也是如此，随着明亮部分越来越大，黑暗部分逐渐消失。不仅月亮上明亮和阴影的边界是不光滑的，弯弯曲曲的，更令人惊奇的是，在月亮的黑暗部分内出现了非常多的亮点，完全与照亮的那一片分开，且与它分开相当距离，过一会儿以后，大小和亮度都逐渐增加，一二小时以后与主要部分的其余亮点相连，并且变得更大一些；而在此同时，其他一些亮点，一个在这儿，另一个在那儿，涌现了出来，好像在阴影部分里被点亮并逐渐增大，最后以同样明亮的表面相连，并且更加扩大……在太阳升起以前，地球上不也是这样的吗？当平原仍在阴影中，最高的山峰不也是先被太阳照亮吗？过一会儿后，不也是光线进一步扩展，使这些山的中部和底部都被照亮，最后，当太阳已经升起，平原和小山的照亮部分不也是连成一片吗？然而在月亮上这种凸出和凹下的壮丽景象，正如后面我要表明的那样，比起地球表面的崎岖不平来说，不论是在量值上还是在范围上都要超过……

在望远镜中恒星的外观

到目前为止，我所谈的观测都是关于月球的；现在我简要说明我所看到的关于恒星的现象。首先下述事实是值得考虑的：不论是恒星还是行星，当用望远镜观看时，它们在星等上增加的倍数并不像其他天体（以及月亮本身）在大小上增加的倍数那样。对于恒星来说，星等的增加似乎小得多，所以为了说明起见，你可以想象一架望远镜虽然有足够的威力，能把其他物体放大几百倍，却很难使恒星放大四五倍，其原因如下：当我们用肉眼来看恒星时，我们所看到的并不是它们无光芒的、真实的大小，而是由明亮的光束、闪烁的光芒环绕着的。特别是夜深人静时更是如此。由于这种情况，它们看来比剥去边缘的光芒时大得多，因为它们对眼睛所张的角度不是由恒星原有的圆盘决定的，而是由围绕它周围较大的明亮部分决定的……一架望远镜……在放大恒星的真实圆盘（如果它们确是这种形状）以前，消除了恒星外部附属的亮光，因此比起其他物体来说，似乎没有放大得那么多，例如一个五等或六等恒星通过望远镜看起来似乎只有一等星那么亮。

行星和恒星外观之间的差别似乎也值得注意，行星的圆盘呈现出完全的圆形，像是用圆规画出来似的。它们就像一些小月亮一样，完全被照亮，并具有球体形状。但是用肉眼观看恒星不像行星那样具有圆形周界。它们很像灯光，向四面八方射出光芒，闪闪发光。用望远镜观看，它们的形状就像用肉眼观看时一样，却亮得多，一颗五六等恒星看起来就像最亮的恒星——天狼星那样亮。

无数的望远镜恒星 ①

通过望远镜你可以看到一大群暗于六等的其他恒星，直接用肉眼无法看到它们。数目是如此之多几乎使人难以相信。你至少还可以再看到六个星等的恒星。对于其中最大的那些星，我可以称它们为七等星。或者说是不能直接看见的一等星。借助于望远镜观看好像比直接用肉眼看见的二等星还要大，还要亮。为了使

---

① 原文为"telescopic stars"，指只有用望远镜才能看到的暗星。——原编者

你了解它们是如何簇拥在一起的，我决定拿两个恒星团①作例子。以此为样品，你可以判断其余的情形。

猎户星座的腰带和佩剑

　　第一个是猎户星座，我曾决定去描述整个星座，但是恒星的数目如此巨大，要花费的时间如此之长，这样一来我就无法脱身了，因此我决定把这种企图推迟到以后进行。因为在原有的星附近，或散布在原有的星中间，在一二度范围内就有 500 颗以上的新看见的星。由于这种原因，我在猎户星座腰带部分选出 3 颗星，在它的佩剑部分选出 6 颗，这些是早已熟悉的星群，我又在其附近加上最新发现的 80 颗其他恒星，我尽可能保持这些星彼此之间的距离。为

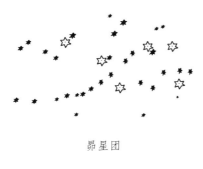

昴星团

了区别起见，熟知的星或者原有的星，我描绘得大一些，并用双线来画它们；肉眼看不见的其他星，我描绘得小一些，仅用单线表示。同时我尽可能保持星等上的差别。作为第二个例子，我描绘了金牛座里称为昴星团的 6 颗

_____

① 原文为"star-cluster"，指天空任一恒星较多的区域，它与现代天文学中的星团（cluster）概念是完全不同的。——原编者

星（我有意说 6 颗，因为第 7 颗很难辨认），这是局限在很狭窄天区里的一群恒星。在这些星附近有四十多颗肉眼看不见的其他恒星，没有一颗离开上述 6 颗星会超过半度。在我的图中我只绘出了 36 颗星。正如猎户座的情形那样，我保持了原有的星和新看见的星之间的距离、星等和特性。

望远镜所见的银河外观

我观测的下一个对象是银河本身。借助于望远镜，它清晰地展现在我们眼前。使哲学家苦恼了如此长久的全部争论，在我们眼睛的无可反驳的证据面前立即解决了。我们摆脱了这个课题的争论，因为银河只不过是大量数不胜数的恒星聚在一块而已。不管把望远镜对着它的哪一部分，马上看到存在着一大片恒星；其中不少恒星还相当大且极为明亮，但是小恒星的数目更多，多得无法计数……

木星卫星的发现

以上简要说明了关于月亮、恒星和银河所作的观测。仍然遗留一件事，一件我认为应当公之于世的最重要的事情，即发现和观测到四个行星。它们的位置、它们最近两个月的运动和它们星等的变化，自古以来都没有人看到过。我呼吁所有天文学家都致力于研究和确定它们的周期，由于时间的限制，直到现在我还没有得出结果。但是，我还要再次告诫他们，为了不致漫无目的地对此进行探索，他们需要一架非常精密的望远镜，就像本书开始时所描述的那种望远镜。

在今年（1610 年）元月 7 日夜晚头一个小时，当我通过望远镜观看天空中的星座时，木星进入了我的视野。因为我自己准备好了一架非常精良的仪器（我以前的其他望远镜缺乏足够能力），因此我注意到一个以前从来没有注意到的情况，在木星附近有 3 颗小星，很小但是非常明亮；虽然我相信它们属于恒星之列，但是仍然使我觉得有些惊奇，因为它们似乎正好处于与黄道平行的一条直线上，并且比星等和它们相同的其他恒星更加明亮，它们彼此的相对位置以及对木星的位置如下：

东方　　✳　　　　　　✳　　　　○　　　　　　　✳　　　西方
　　　　　　　　　　　　　　（木星）

在木星东边有两颗星，在西边只有一颗星。在东边最远的那颗星，以及在西边的那颗星似乎比第三颗大得多。

关于它们与木星之间的距离我完全不觉得困惑，因为我已经说过，最初我相信它们是恒星；但是在元月 8 日，出于偶然，我再次对天空的同一部分进行观测，发现了很不平凡的事态：3 颗小星都在木星的西方，同前一夜相比彼此更加接近，而且以相等的距离分开，如下页图所示：

```
东方          ○        ✿        ✿        ✿    西方
          （木星）
```

　　这时，虽然这些星的彼此接近一点也没有引起我的注意，但是为何那一天木星出现在所有上述恒星的东方而在一天以前它还在其中两颗的西方，却引起了我的惊奇。我立即想到恐怕行星的运动与天文学家所作的计算不同吧！因此由于它本身的固有运动会超越这些恒星。我非常焦急地等待下一夜的来临，但是使我大失所望，这一夜天空布满了乌云。

　　而在元月 10 日，这些星相对于木星的位置如下：

```
东方          ✿    ✿        ○                西方
                      （木星）
```

如我所料，第三颗星被木星挡住了，它们的情况和以前完全一样，正好沿着黄道带与木星在同一条直线上……

　　当我看过这些现象后，由于我知道位置的相应改变无论如何不可能由木星引起，同时由于我察觉到我所看到的星星总是上述那几颗，而且沿着黄道带在木星前后很大距离内都没有其他星，终于使我从疑惑变为惊奇，我发现我所看见的位置变化不是由于木星，而是由于曾经吸引我注意力的那些星引起的，因此我认为从此以后应当更注意和更精密地观测它们。

于是在元月 11 日我看到如下的排列：

东方　　　　✿　　✿　　　　　○　　　　西方
（木星）

即只有两颗星星在木星的东边，其中离木星较近的那颗星，与木星的距离是它与另一颗星距离的 3 倍；东面最远的那颗星几乎比另一颗大 2 倍，而在前一夜它们好像具有相同的星等。因此，我得出结论，并毫不踌躇地断定，在天空中有 3 颗星围绕着木星运动，就像金星和水星围绕太阳运动那样，这一见解得到后来许多其他观测的完全证实。这些观测还证实了不仅有 3 个，而且有 4 个行为古怪的星体围绕着木星旋转……

这就是我对四颗"美第奇星"（Medicean planets）所作的观测，它们是新近由我首次发现的。虽不能根据这些观测计算它们的轨道，然而根据这些观测却可作出些值得注意的论述。

伽利略的家境并不富裕，当时他正在帕多瓦大学教书，要靠教书所得的微薄收入维持老母和弟妹们的生活。伽利略把所写的《恒星使者》献给美第奇家族托斯卡纳大公，争取谋任托斯卡纳大公首席数学家和哲学家的职位，所以他把木星的四颗卫星命名为"美第奇星"。伽利略获得了这一任命，加上他本人的学术成就，使得他在盛年便成为意大利学术界的头面人物。

木星卫星的轨道和周期

首先，因为这几颗星有时在木星的后面，有时在木星的前面，距离总是相似，并且从这颗行星向东和向西的偏离范围也很狭小。此外还因为当木星顺行和逆行时，它们总是伴随着这颗行星。因此没有一个人能够怀疑它们围绕这颗行星运转，而同时它们又在一起围绕宇宙中心作周期为 12 年的轨道运动。再者，它们是在不相等的圆上运转，显然这个结论可以从下面这样一个事实推导出来：当卫星离木星的距离比较大时，从来没有看到过两个卫星会合，而当它们离木星的距离近时，则发现 2 个、3 个甚至 4 个全都紧密聚集在一起。此外，可以探测到在围绕木星最小的圆上运转的卫星最快。因为离木星最近的卫星经常在东边看到，而前一天它却还在西方，或者反之。在最大轨道上运动的卫星，在经过仔细估计它回到原先注意到的位置上后，据我看来其周期为半个月。此外，我们有了一个极好的论据去消除这样一些人的顾虑，他们可以容忍哥白尼体系中行星围绕太阳的运转，然而对于月亮围绕地球运转，而月亮和地球又同时围绕太阳在周期为一年的轨道上运转这一点感到非常困惑，以致他们认为这种宇宙理论必然是极度混乱的。现在我们不仅有一个行星（one planet）围绕另一个旋转，而它们两者又围绕太阳在很大的轨道上运行，而且我们的视觉看到了 4 个卫星围绕木星旋转，就像月亮围绕地球旋转那样，而整个系统又围绕太阳以 12 年的周期在巨大的空间轨道上运行。

选自《天文学名著选译》，宣焕灿选编，知识出版社，1989 年。李泽清译。

光行差的发现 [①]

J. 布拉德雷

| 导读 |

布拉德雷（James Bradley, 1693—
1762）出生于英格兰格洛斯特郡的一个小
镇，对天文学的兴趣在他的叔叔天文学家
庞德（Pound）的鼓励下不断发展。1711
年进入剑桥大学贝列尔学院学习，布拉德
雷的数学才能使得他能结识牛顿和哈雷，
并于 1718 年当选为皇家学会会员。1719
年，布拉德雷获得神职，被指定为蒙默斯
郡的教区牧师。由于职责不重，因此他能
经常跑到他叔叔的天文台帮忙。1721 年，
布拉德雷成为牛津大学的萨维廉天文学教
授。1742 年，布拉德雷接替哈雷成为英

---

① 译自 H.Shapley and H. E. Howarth, *A Source Book
in Astronomy*，PP 103—108［1929］。本文标题系
Shapley 和 Howarth 所加。原文系 J. 布拉德雷写
给 E. 哈雷的信，曾发表在 1728 年的 *Philosophical
Transactions* 上。——原编者

国皇家天文学家[1]，他发现格林尼治天文台上许多仪器有缺陷，到 1750 年，他重新装备了该天文台。从那时起直到他的健康状况恶化为止，他把自己奉献给了大量高精度的天文观测。他在长期患病之后于 1762 年 7 月 13 日去世。

哥白尼的日心说预言了恒星的视位置应该有一种周年变化，即周年视差。天文学家们一直在寻找这种证明地球在动的直接观测证据。第谷作为前望远镜时代最优秀的观测者，因没有观测到恒星周年视差，所以坚信地球是静止的。把望远镜用于天文观测之后，找到这种周年视差的希望又加大了，布拉德雷就抱着这样的希望。

是居住在伦敦附近的业余天文学家萨莫尔·莫利纽克斯（Samuel Molyneux，1689—1728 年）把布拉德雷拉入到他们将作出的伟大而偶然的发现中来的。莫利纽克斯决定测量天龙座 γ 星的周年视差，为此他专门定制了观测用的望远镜。1725 年，一架"天顶仪"被安装在莫利纽克斯家中房子的烟囱上，可以让天龙座 γ 星望远镜视场中央经过。由于莫利纽克斯忙于别的事务，观测主要由布拉德雷来进行。

事先的计算表明，周年视差会导致天龙座 γ 星在 12 月 18 日达到其最南位置，在此前后的几天里，其移动将小得令人难以察觉。因此，当布拉德雷于 12 月 21 日发现它走到比几天前更靠南

---

[1] 英国皇家天文学家这个职位只授予一人，该职位获得者自然是格林尼治天文台台长。

的位置时，他们对之感到极为惊讶。该星还继续向南移动，直到第二年3月，它走到了比上一年12月时的位置更南边约20角秒时，向南的移动才结束。此后这颗恒星开始向北移动，到6月回到它在头年12月时的位置，9月达到其最北端。

这显然不是周年视差。莫利纽克斯和布拉德雷对上述现象做了各种可能的解释。他们特别考虑了这样一种可能性：是否地球的大气层没有形成真正的球形环层，以至于当恒星即使在天顶时也会受到折射的影响？

布拉德雷认为应该对更多的恒星进行观测。为此，他定制了另一架视场更大的天顶仪。经过对更多恒星的观测，恒星的上述运动模式基本被确认了。布拉德雷却迟迟找不到对其合理的物理解释。据说，直到1728年的一天，当他在泰晤士河上乘船时，注意到当船转向时，船上的风向标也随之转向，这当然不是由于风向发生了变化，而是因为风向标的指向不仅取决于风力的大小和方向，而且也取决于船速的大小和方向。

地球就是船，恒星发出的光线就是风，我们看见的恒星位置就是风向标。"风向标"的这种周年变化，正是由于地球绕太阳公转的速度的周年变化引起的。这样，布拉德雷事实上已经找到了一个地球在动的证据，而且意外地发现了一个以前未知的恒星视位置的周年变化——光行差。1729年元月布拉德雷向皇家学会报告了他的发现。

光行差这一现象是具有深刻的物理学意义的。光行差的观测事实表明，不管恒星自身的运动状态如何，也不管观测者所在的地球的运动状态如何，所有恒星的星光都以同样的速度向观测者飞来。这一规律的本质直到将近二百年后爱因斯坦提出狭义相对论才被揭示。爱因斯坦本人也在多种场合强调，迈克尔逊寻找以太的"零结果"实验不是关键，布拉德雷观测到的光行差和斐索测得的流水中的光速才是启发他获得狭义相对论思想的关键。

本选文《光行差的发现》的原文是布拉德雷写给哈雷的信，并曾在 1728 年皇家学会的《哲学学报》上发表。文章详细地叙述了光行差的发现过程和作者试图解释这一现象的思索过程。

不久前，我曾有机会向你谈到由我们尊敬的和聪明的已故朋友 S. 莫利纽克斯先生所得到的以及由我继续和重复这一工作所得到的某些观测结果，以便用来测定恒星的视差，你对此感到非常满意。现在请允许我告诉你有关这方面的更详细的报道。

约在 1725 年 11 月底，莫利纽克斯先生的仪器安装完毕，适于观测了。12 月 3 日进行了首次观测，目标是天龙座头部的亮星（拜伊尔用 γ 来标记它），因为该星几乎通过天顶，用这架仪器可仔细地测定它的位置。[1] 在 12 月 5 日、11 日和 12 日又进行了类似

[1] 莫利纽克斯的望远镜像烟囱一样竖直安装，始终直指天顶，故只适合于观测上中天时通过天顶附近的恒星。——原编者

的观测，恒星的位置并未显示出有很大的差异。在这个季节对它作进一步的重复观测似乎不需要。在这段时间里，估计这颗恒星的视差不可能会有明显的变化。主要是因为好奇心，促使我（当时我在丘，这架仪器就安装在那里）在 12 月 17 日对这颗恒星进行观测。当我像往常一样调节好仪器时，我发现这颗恒星的位置比过去稍往南偏。对于这个现象，我们并没有怀疑有任何其他原因，我们首先推断这是由于观测的不确定性，认为这次观测或以前的观测都不如我们所想象的那样精确。为此，我们打算重新进行观测，以确定这个差异是从那里来的。12 月 20 日，我在进行观测时，发现该恒星比以前观测的继续往南偏。使我们更感到惊奇的是，这个可觉察的变化和恒星周年视差引起的变化正好相反。这时我才相信，它不可能完全归因于观测精度的不足，也不存在引起这颗恒星上述视运动的其他任何想法。我们开始猜测它可能是由于仪器材料等的某些变化引起的。我们一度曾这样认为，但经过数次试验，最后我们充分相信，仪器具有优良的精度。根据恒星同天极距离的逐渐增加，我认为必定存在着产生此现象的某种有规律的原因。在每次观测时，我们都对它的位置进行非常仔细的测定。约在 1726 年 3 月初，测出这颗恒星的位置比第一次观测时往南移动了 20″。现在它可能达到了它在南面的最远处，因为在这段时间内进行的几次观测，都没有发现它的位置有可以觉察的变化。到 4 月中旬，它似乎在重新返回北面。大约在 6 月初它通过中天时，离开天顶的距离同（1725 年）12 月第一次观测它时的距离相同。

根据这颗恒星在这段时间内赤纬的迅速变化（3 天内增加 1″），可以推断出，它目前将继续向北偏移，正如在这以前，它由现在的位置向南偏移一样。事情正如所推测的那样，它继续向北偏移，直到 9 月，它再次不动。这时，它的位置比它在 6 月时向北偏移近 20″，比它在 3 月时向北偏移不少于 39″。从 9 月起，这颗恒星向南返回，直到 12 月它到达一年前它所在的同一位置时为止。在这期间考虑了因岁差引起的赤纬改正。

由此充分证明仪器并不是引起该恒星这种视运动的原因，要找出产生这种效果的适当原因看来是困难的。首先浮现在我心目中的原因是地轴章动，但不久发现这种解释是不合适的，因为它虽然可以说明天龙座 γ 赤纬的变化，但不能同时符合其他恒星中的这种现象，特别对赤经上几乎和天龙座 γ 星相差 180°、离北天极约同样距离的一颗暗星，虽然这颗暗星的移动方式似乎同由地轴章动引起的相同，但其赤纬的变化在相同时间内大约仅是天龙座 γ 赤纬变化的一半（由一年不同季节中同一天所作的两个观测进行比较而得）。这清楚地证明，这两颗恒星的视运动并不是由实际章动所引起的，如果是这个原因，两颗恒星的变化应当接近相等。

观测结果严格的规律性，迫使我们相信产生这种意外运动的原因必然也是有规律的，它与每年各季节的变化或不确定性无关。将观测结果相互进行比较，发现上述两颗恒星的赤纬同它们的极大值之差几乎总是正比于太阳到二分点距离的正弦。这就促使我们去考虑，不管这个原因是什么，它一定同太阳相对于二分点的位置有某种关系。但那时还没有能力去建立任何假设，以充分解释所有的现象，而我又非常希望对这个问题作进一步的研究，于是我开始考虑在旺斯蒂德为自己安装一架仪器，有这架仪器在身边，我可以更方便和更坚持不懈地去探索这种运动的规律。用另一架仪器来证实迄今由莫利纽克斯先生的仪器测得的结果，对我来说具有很大的吸引力。更主要的是，我将有机会去研究其他恒星以何种方式受到同一原因的影响，不管这个原因是什么。莫利纽克斯的仪器原先设计来观测天龙座 γ（正如我在前面所说，为了要研究它是否有任何明显的视差），它只能在方向上作很小的变动，不超过 7′ 或 8′。在离丘（地名）的天顶上述距离一半的范围内，几乎没有什么可以观测到的亮星。利用这架仪器，不可能彻底了解该原因是如何影响与二分点、二至点有各种不同相对位置的

贯穿在观测中的还需要这样的理性推理，才可能从现象中找出规律。

恒星的……

　　一旦仪器安装完毕，我就立即开始观测最适宜于揭示上述运动原因的那些恒星。有足够多的这种暗星，在一年的各个季节中能观测到的不少于 12 颗。白天当它们最接近太阳时，也能被看到。我发觉，以前认为当太阳在二分点附近时恒星位于最北和最南的这个概念，仅仅对接近于二至圈的这些恒星才是正确的，自此以后，我才开始长期的观测。在我继续观测数个月后，我发现我所了解的乃是所有恒星都遵守的一般的规律，即当它们在早晨或晚上 6 点经过我的天顶时，它们中的每一颗或不动，或位于最北，或位于最南。我还观测到，不管恒星位于相对黄道基点的什么位置，当它们在白天或夜晚大约同一时刻经过我的仪器时，每颗恒星的视运动都趋向于相同的方式：当它们在白天通过时，它们全都往南移动；在晚上则往北。因此当恒星在晚上大约 6 点经过时，它位于最北处，当恒星在早晨大约 6 点经过时，它位于最

对天龙座 γ 星的观测结果还只是特例，还需要制造另外的仪器来观测更多的恒星，以验证这种变化是否是恒星的普遍现象。

南处。

　　虽然从那时起我就发现，这些恒星中的大多数在上述时间经过我的仪器时，并未恰好达到最大值，但在那时，还不能得到反证。假定情况是这样，我力图找出，不同恒星赤纬的最大变化相互呈现什么比例。非常明显的是，它们并不会相等地改变它们的赤纬。在此以前我曾注意到，从莫利纽克斯先生的观测来看，天龙座γ的赤纬变化比前面提到的赤经几乎和它相差180°的那颗暗星约大2倍。对这个问题进行详细的探讨后，我发现，这两颗恒星赤纬的最大变化分别与其黄纬的正弦有关。这引起我猜测，在其他恒星的最大值间可能也存在类似的正比关系，但我发现其中某些观测结果并不完全对应于这样的假定。我不清楚，观测的不确定性和误差是否会引起所出现的微小差异。我决定推迟对这个假定的正确性作进一步研究，直到我能提供整个一年的观测序列。这些观测结果将使我不仅能确定观测受到什么误差的影响，以及观测结果的可靠程度，而且还能使我判断仪器部件本身是否存在明显的变化。

　　基于这些考虑，我把有关上述现象原因的各种想法暂搁一边。希望当我能用更合适的手段更准确地确定这个原因时，能更容易地发现它。

　　一年将逝时，我开始研究和比较我的观测结果。就现象的一般规律而言，我对自己的观测结果感到很满意。我将致力于找出这些规律的原因。我早已确信，恒星的这种视运动并不是由于地

轴的章动。另一种可能的原因是经常用于校正仪器的铅垂线方向
的变化，但在研究过程中发现这种论证是不充分的。接着我考虑
大气折射可能产生的影响，但是也没有什么满意的结果。最后我
推测，上述的各种现象是由于光的向前运动以及地球在其轨道上
的周年运动引起的。因为我发现，假如光及时地传播，静止的人
与沿着人与物体连线之外的任何方向运动的人所看到的一个固定
物体的视位置是不相同的；而当人向不同的方向移动时，物体的
视位置也将是不同的……

　　我必须向你承认，观测结果彼此间的一致性以及它们同假
设间的一致性，比我对观测结果进行比较前所预期的更理想；
对于习惯于天文观测的人来说，可能会认为是太理想了，因为
他们知道要在各方面都达到这样的精确度是很困难的。如果
这能使他们满意（等到我有机会描述我的仪器和使用它的方法
时），我能向他们保证，在一年中我对天龙座 γ 进行 70 次以上
的观测中，只有一次（由于云的原因，当时就感到非常可疑）同
上述的假设不一致，超过 2″，不到 3″。

　　因此，这是事实，我不得不认为这个现象很可能是由我所
指出的原因引起的，因为上述的观测结果充分显示，不管真正
的原因是什么，这颗恒星的确是根据假设所推出的比例在变
化……

　　我认为，不需要再将这个假设同其他恒星的观测进行比较，
并将结果寄给你。因为上面提到的一致性是一种证明（不管是

否承认我已经发现了这个现象的真正原
因），它证实这个假设至少阐明了不同位
置、不同方向（相对于太阳而言）的各
种恒星赤纬变化的真正规律。如果情况
是这样，则必须承认恒星的视差应比至
今由某些人通过观测推算出的更小。我
相信，我敢冒昧地说上述提到的两颗恒
星的视差都未达到 2″。我认为，如果它
是 1″，在我进行的大量观测中，特别是
对天龙座 γ 的大量观测中，应该能发现
它。不管太阳同天龙座 γ 会合还是相对，
观测结果同这个假设（与视差没有任何
关系）符合得几乎一样好，因此非常可能
它的视差没有 1″ 那么大，即它比太阳远
400 000 倍以上。

　　因此，还没有观测到恒星有可觉察的
视差，为此反哥白尼派仍有机会反对地球
在运动。然而他们（假如他们愿意的话）
由于否定光的向前运动以及地球的运动，
可能会更加强烈地反对我在尽力解释上述
现象时所提出的假设。

　　但是我并不担心这些假设会被目前大

提出假设，对观测
结果作出一般性的解释，
这是科学进步的一种典
型模式。

多数天文学家和哲学家所否定，假使它们能得到像你这样伟大的评论者的赞许，我毫不怀疑，他们将会赞同我从它们中推算出来的结果。

选自《天文学名著选译》，宣焕灿选编，知识出版社，1989 年。夏一飞译。

万有引力原理

拉普拉斯 |

| 导读 |

拉普拉斯

拉普拉斯的侯爵纹章

拉普拉斯（P. S. Laplace, 1749—1827）出生于法国诺曼底，他的早年生活人们所知甚少。他 18 岁时被送到巴黎，带着将他介绍给达朗贝尔的信，但这位大数学家拒绝见他。拉普拉斯就寄了一篇力学论文给达朗贝尔。这篇论文如此出色，以至达朗贝尔突然高兴做拉普拉斯的教父，并安排他在军事学校当了一名数学教授。以后拉普拉斯一直居住在巴黎，还在政府中担当了一系列职务，直到 1827 年 3 月 5 日去世为止。

在法国大革命中、拿破仑时代以及波旁王朝复辟时期，拉普拉斯都设法活了过来，而且还红极一时，被封为侯爵。他的五卷本《天体力学》（*Mecanique celeste*）是研究太阳系引力稳定性的力作，在书中他研究了三体问题、受摄天体的运动，所用的数学手段不再是牛顿的几何方法，而是级数展开之类的数学分析手段。据说该书中拉普拉斯的一句口头禅是:从方程 A "显而易见"可以得到方程 B。而为了弄清这"显而易见",别人要花上几小时甚至几天的工夫。拿破仑翻遍了《天体力学》全书,注意到拉普拉斯在书中从来不提上帝。拉普拉斯说:"我不需要这个假设!"拉格朗日听到这句话后说:"啊!可是它同样也是个美妙的假设呢,它解释了多少事情啊!"

说来有点奇怪,拉普拉斯最为世人所知的工作是一项他本人也不怎么重视的猜测。在 1796 年出版的一本为普通公众所写的不需要数学知识的天文普及读物《宇宙体系论》(*Exposition du systeme du monde*)的一则附录中,拉普拉斯提出了太阳系起源于一团星云的假说。

本书选取《宇宙体系论》的第一章"万有引力原理",借拉普拉斯的笔来让读者对万有引力原理作一不需要太多数学知识的把握。

在太阳系的现象里,行星与彗星的椭圆运动,最适宜使我们推导出作用于它们的力的普适定律。观测发现,行星与彗星围绕太阳运行时,向径所扫过的面积与时间成正比。前一篇讲过,为了得到这个结果,使每个天体的向径不断改变方向之力应常指着这些向径的原点。可见行星与彗星接近太阳的趋势是向径扫过的面积与所用的时间成正比的必然结果。

为了决定这趋势的定律,假设行星与彗星在正圆轨道上运动(这假设与实际的情况相差很少)。行星的真速度的平方与轨道半径的平方被公转周期的平方所除之商成正比。可是根据开普勒定律，周期的平方与半径的立方成正比，因此速度的平方与半径成反比。以前讲过，在圆周上运动的物体所受的中心力与速度的平方被其轨道半径所除之商成正比。可见行星接近太阳的趋势与其所假设的圆周轨道的半径的平方成反比。自然，这个假设是不精确的，但行星公转周期的平方与其轨道的长轴的立方成正比，而其比值并不因轨道的偏心率而有变化，因此自然想到这定律对于正圆轨道一样有效。由此可见，太阳的引力与距离平方成反比定律，明显地表现在这个关系上。

　　类比推理使我们想到这定律既可由这一行星推广到那一行星，对同一行星在其和太阳的不同距离处也一样有效。行星的椭圆运动在这方面便没有任何可疑的了。为了说明这个定律，试跟踪一颗行星的运动。设想它从近日点出发，那时它的速度极大，它离开太阳的趋势胜过它受太阳的引力，此后向径增长，与其运动的方向（切线向）成钝角；指向太阳的引力可以分解成切线方向上的一个分量，它使速度愈来愈小直到行星达到远日点之时。在这一点向径再与曲线正交；速度变为极小，离开太阳的趋势比太阳的引力小，于是行星接近太阳而描出其轨道的第二部分。在这部分里太阳的引力使行星的速度增加，正如在第一部分里它使行星的速度减少的情形一样。行星再以其原来的速度达到近日点，更开始与前相似的另一周的公转。由于椭圆的曲率在近日点与在远日点是相同的，密切圆的半径在这两点是相等的，因此这两点上的离心力之比等于其速度的平方之比。由于在相同的时间单元内向径所扫过的扇形面积相等，近日点和远日点上的速度与近日距和远日距成反比，因而这两个速度的平方与近日距和远日距的平方成反比。但在近日点和远日点上，在密切圆周上的离心力显然与太阳对于行星的引力相等，由此可见引力和行星与太阳之间的距离的平方成反比。

惠更斯所发现的离心力定理足够认识行星向太阳的趋势；因为这个定律对于从这个行星到他个行星，和每个行星在近日点和远日点均属有效，很可能推广到行星轨道上的任何点及距离太阳的任何远处。但为得到无可怀疑的证明，应当求出指向椭圆的焦点，使一个抛射体经行这种曲线运动的这种力的表达式。

事实上，牛顿发现了这个力是与向径的平方成反比的。还须精确地证明指向太阳的引力只随行星和太阳的距离而变化。这位大数学家更证明这是从公转周期平方与轨道长轴立方成正比的定律中得出的结论。因此假设行星均静止在和太阳一样远处，而任其因引力而向中心坠落，它们在相同时间内应下降相同的高度，这结果可以推广到彗星上去，虽然它们的轨道长轴是不知道的；因为第二篇里讲过彗星的向径所扫过的面积是根据周期的平方与长轴的立方成正比的定律而求得的。

分析阐明一条定律可能有的含义，向我们表明，由于引力的作用，行星与彗星所描绘的轨道不只是椭圆，而且还可能是一切的圆锥曲线。因此彗星的轨道可能是抛物线或双曲线的，那么这样的彗星只能出现一次，以后便离开我们这个太阳系而去接近另外的太阳，此后又远离它而去，在星际空间的许多系统里游荡。因鉴于宇宙的无限，太空里可能有许多类似的天体，可是非周期的彗星出现次数很少，人们观测得最多的是在凹形轨道上运动，按或长或短的周期在太阳附近的空间运行的彗星。

卫星和行星一样，受到太阳的引力作用。假使月球不受太阳的作用，它不但不能围绕地球在近似正圆的轨道上运动，而且很快便会离开地球；假使月球和木卫不受太阳给予它们，正如给予行星一样的作用，则根据对它们的观测便不会发现其运动里有那些显著的离差。因此，彗星、行星与卫星均受向着太阳的引力的同样定律所支配。在卫星围绕其行星运动的同时，行星与卫星构成的系统在空间具有一个公共运动，并且皆为同一种引力所维系而环绕太阳运动。因此，卫星与行星的相对运动差不多与行星是静止而并未受到外力作用的情况相同。

由此可见，在不需其他假说的情况下，作为天体运动的必然结果，引导我们将太阳看作是引力的焦点，而这力是可延伸至无限远处并同距离平方成反比的，而且这力以相似的方式吸引着一切天体。开普勒的每一条定律表现这个引力的一个性质：面积与时间成正比的定律，表明引力总是指向太阳的中心；行星的椭圆轨道，证明引力随距离的平方增加而减少；最后公转周期的平方与轨道长轴的立方成正比，使我们明白一切物体所受到的向太阳的引力在等距离处是相同的。因此，这种力叫作太阳的摄引力。虽然我们还不了解摄引力的原因，但借助数学家常用的一个概念，可以假设这个力是由于太阳内具有一种吸引本领所造成的。

由观测所引起的误差和行星椭圆运动的微小变化，我们感到由刚才所说的运动定律导出的结果稍有不正确性，因而怀疑太阳引力的减小是否恰与距离的平方成反比。但是，即使引力定律有少许的离差，对行星轨道上近日点的运动也会发生显著的差异。假使与太阳引力成反比的距离乘幂只增大万分之一（0.000 1），则地球轨道的近日点每年前进 64.8″。而现在由观测求得的实际数值不过 11.8″ 而已。以后我们还要谈到这种近日点运动的原因。因此引力按距离平方成反比是异常接近真实的定律，且由于其简单性，应当承认它是真实的，只要观测不强使我们放弃它的话。当然，我们不应根据我们容易想象它们的观点去衡量自然界定律的简单性。但是，当我们看上去是最简单的定律，完全和一切现象相合之时，我们便有充足的理由将它们看作是精确的定律。

卫星指向行星中心的引力，也是它们的向径扫过的面积与所用的时间成正比的

万有引力定律的精确性是经受了观测数据的检验的。

必然结果。至于这个力按距离平方增加而减小的规律，也由卫星轨道是椭圆的而得到证明。木卫、土卫与天王卫的轨道的扁率不很显著，因而引力变化的定律不易从这些卫星的运动中得到证实。其公转周期的平方与其轨道长轴的立方成一定的比例关系却明显证实了它，因为这个关系向我们表明由这一卫星到另一卫星，指向行星的引力是和卫星与行星两中心间的距离的平方成反比的。

对于只有一颗卫星的地球缺乏这样的证明，我们可用以下的讨论来补足它：

地心引力可以达到高山，可是它在那里减少之量很微，只有达到距离地心更远得多的地方才能使人感到它的变化。自然，我们便会延伸到月球，而考虑它是否为地心引力维系在它的轨道上，正如太阳的引力将行星维持在它们各自的轨道上那样。事实上好像这两种力具有相同的性质。它们都渗透到物体的内部，使质量相同的物体得到相同的速度，因为刚才看过太阳的引力对于与它相同的距离处的物体都是相等的，正如地心引力使物体在真空中在相同的时间内坠落相同的高度一样。

在某高度用力循水平方向投出的一个抛射体，走了一段抛物线复落于远处的地面上，设其抛射速度约为每秒 8 100 米，且不受大气阻力的减弱，它便不再坠落地面，而像一颗卫星一样围绕地球运行，[①] 原来它的离心力等于它的重力。为了使这个抛射体成为月球，只需将它举到月球那样高处而给它以相同的抛射运动。

---

① 现今从地面发射人造卫星所需的最小速度约为 7 900 米／秒。——译者

可是要证明月球向地球坠落的趋势是由于地心引力，便须使地心引力按天体间引力的普适定律而减少。由于这问题的重要性，我们将详细讨论于下：

使月球每瞬间离开其轨道的切线方向之力使它在一秒内所经行的空间，等于其在相同时间内所走的弧度的正矢，因为这正矢之值是月球在这一秒内离开它在开始时的方向的距离。我们可从月—地间的距离去决定这个数量，而这距离可从月球的视差表为地球半径的倍数。但是，为了得到与月球运动的各种差数无关的结果，应取月球的视差中和这些差数无关的部分作为平均视差，它对应于月球的椭圆轨道的半长轴。比尔格（Bürg）综合了许多观测决定月球的这种视差，在纬度的正弦的平方为 1 / 3 的纬度圈上量得的数字为 56′55″[1]。我们所以选择这个纬度圈，是因为地球对于其表面相应之点的引力差不多如在月球的距离处，等于地球的质量被这一点与重心之距离的平方所除之商。这纬度圈的任一点至地球重心的半径为 6 369 809 米。容易算出作用于月球使它向地球接近之力在一秒内使月亮坠落 0.001 362 4 米。以后还要谈到太阳的作用使月球的重力减少其 1 / 358，因而为使其与太阳的作用无关，应将以上所说的高度增加其 1 / 358，于是月球在一秒内向地球坠落的数字为 0.001 366 24 米。可是，在月球围绕地球的相对运动里，月球所受之力等于地球与月球的质量之积被它们之间的距离的平方所除之商。因此为了得到只因地球的作用一秒内月球坠落的高度，

---

[1] 现今采用的月球的赤道地平视差为 57′02.6″。——译者

应将以上所说的高度以地球的质量对于地球与月球的质量之和的比值乘之；可是根据与月球的作用有关的现象的总合求得月球的质量为地球质量的 1 / 75。[①] 将这高度乘以 75 / 76，便得地球的引力使月球在一秒内坠落的高度为 0.001 361 6 米。

将这高度与由钟摆的观测而得到的结果比较。在我们所讨论的纬度圈上，重力使物体在第一秒内所坠落的高度，据第一篇第十四章，等于 4.897 00 米。但在这纬度圈上，地球的引力比重力小，两者之差等于在赤道上因地球自转而产生的离心力的 2 / 3，而这离心力是重力的 1 / 288，因此应将以上所说的高度增加其 1 / 432，而得到因地球的作用造成下落的高度，这作用在这纬度圈上，等于地球的质量除以其半径的平方。由此求得这高度为 4.908 20 米。在月球的距离处，这作用力应按地球椭圆体半径平方与月球距离的平方之比而减少，显然只需以月球的视差（56′55″）的正弦的平方乘之。于是便得由于地球的引力使月球在一秒内应向地球坠落的高度为 0.001 345 5 米。由钟摆的实验而得的这一高度，与由月球视差的直接观测而推出的高度相差很少，只需将上述月亮的平均视差的数值改变 0″.65 便能使这两个高度完全相合。由于这样小的差异在观测误差与计算里所用的数据的误差的范围之内，可以断言将月球维系在它轨道上的主要力是地球的引力，它按月—地间的距离的平方而变小。可见，引力减少的定律对于伴有几颗卫星的行星来说，由它们的卫星的距离和公

---

① 现今采用的数值：月球的质量等于地球的质量的 1 / 81.3。——译者

转周期的比较而证实；对于月球，则由它的运动与地面抛射体的运动的比较而证实。在山顶所作的钟摆的观测已经表明重力的变小，但还不足以发现重力变化的定律，因为即使最高的山峰的高度比起地球的半径来还小很多。所以须用一个离我们远的天体（例如月球），才能揭示这个定律，而证明地球的重力只是整个宇宙里所遍布的引力的一个特殊例子。

每个现象是自然界里的定律的一个验证，它使定律发出新的光辉。因此，由重力的实验与月球运动之比较表明我们计算引力时应该将距离的原点放在太阳和行星的重心处，对地球而言，这情形更加显著；地球的引力和太阳与行星的引力在性质上显然是相同的。

由类比推理，我们将这种吸引力的性质推广到没有卫星的行星。一切天体的形状都是球体，显然表明组成它们的分子为一种力将它们聚集在其重心的周围，在等距离处施于这些分子的力的强度是相等的。这种力还表现在行星运动所受到的摄动；以下的讨论使我们对于这种力的存在没有丝毫的怀疑。以上讲过，假使将行星与彗星放在和太阳的等距离处，它们对于太阳的重量和它们的质量成正比；但这是自然界的一个普适定律：反作用与作用等值而反向。所以太阳系里的天体对于太阳有反作用，按它们各自的质量吸引太阳；因此它们具有一种与其质量成正比而与其对太阳的距离的平方成反比的引力。根据相同的原理，卫星亦按同一定律吸引行星与太阳，可见吸引力是一切天体所共有的性质。

如果只考虑一颗行星和太阳之间的相互作用，则行星围绕太阳的椭圆运动不会受到什么扰乱。事实上，如果给予一物体系统一个公共运动，该系统里的物体的相对运动一点也不会改变。因此若循反方向给予太阳和行星以太阳的运动以及太阳所受到行星的作用，则太阳可以看作是一个不动点，但是那时行星便受到指向太阳的一个与距离平方成反比并与两体的质量之和成正比的力。行星将围绕太阳作椭圆运动，而且根据相同的理解，若设想这两体所构成的系统在空间里有一公共运动，两体的相对的椭圆运动还是没有改变。同理可知卫星的椭圆运动也不因行星的公转运动而受到丝毫的扰乱，如果太阳的作用对于行星和它的卫星是完全相同的，这运动也不会受这作用的影响。

可是，行星对于太阳的作用影响了它的公转周期，行星的质量越大时它的公转周期变得越短。因此轨道长轴的立方与公转周期平方之比是和太阳与行星的质量之和成正比例的。但是，因为这比值对于所有的行星差不多是相同的，所以它们的质量比较太阳的质量当是很小，卫星的质量与其所隶属的行星质量相比也是这样：这是由这些天体的体积的大小可以证明的。

天体的吸引性质不只属于它们的质量，也属于构成天体的每个分子。假使太阳只施作用于地心，而不影响其各部分，结果便会使海洋里产生无可比拟的巨大的潮汐振荡而同观测到的情况有很大差异。因此地球受到太阳的引力是构成地球的一切分子所受到引力的结果，这些分子也按它们各自的质量去吸引太阳。而且地球上每个物体对地心所起的作用与其质量成正比，所以它对于地球的反作用使它以相同的比例吸引地心。假使不是这样，而且假使地球的一部分（不管它是怎样小的一部分）不按其被吸引的方式去吸引其他部分，由于重力的缘故，地球的重心便会在空间里运动，而这是不可能的。

将天体现象和运动定律比较，我们发现自然界里的这个伟大原则：即物质的一切分子按它们的质量并与其间的距离的平方成反比而互相吸引。从万有引力定律，我们已可看出椭圆运动受摄动的原因；因为行星与彗星既然受到相互的作用，它们便应该对于这个椭圆运动有一点偏离，只有行星或彗星单独受到太阳的作用时，它才能精确地作椭圆运动。卫星在围绕其行星运动时，受到其他卫星和太阳的作用，也同样对这些定律发生偏离。还可看到构成每个天体的分子为它们之间的引力所结合，应该形成一个近似球体的物质团，它们对于在其表面的物体的作用的合力应造成重力的一切现象。我们曾经讲过，天体的自转运动稍微改变其正球的形状，而使其两极区域比较扁平，于是天体间的相互作用的合力不恰巧通过它们的重心，这合力应在它们的自转轴上造成类似观测到的运动。最后，我们也料到由于海水受到太阳和月球的引力是不一样的，应有像涨潮与落潮那样的波动。但这一切现象都可以从引力的普遍原则推导出来，使这原则得到物理的真理所应有的一切确定性。

选自《宇宙体系论》，何妙福等译，上海译文出版社，2001 年。

太阳光谱中谱线的发现和描述 [①]

J. 夫琅和费

| 导读 |

夫琅和费（Joseph Fraunhofer, 1787—1826）出生于德国巴伐利亚，是一个釉工的儿子，曾在慕尼黑跟一个光学技师当学徒。他顽强自学，研究光学，改进了多种光学仪器，磨制出优质棱镜。贝塞耳和斯特鲁维能测出恒星的周年视差，就是使用了夫琅和费制造的仪器。

白光透过棱镜后会发散成彩色光谱，一般的透镜就像是很多棱镜叠在一起，光线通过后也会形成彩色光圈，这是天文观测所不希望出现的。牛顿曾经以为这种折

[①] 译自 H.Shapley and H. E. Howarth, *A Source Book in Astronomy*, PP 196—199［1929］。本文标题系由 Shapley 和 Howarth 所加。英译文取自 *Prismatic and Diffraction Spectra*（translated by J. S. Ames, 1898）；原始资料录自 *Denkschriften der königlichen Akademie der Wissenschaften zu München*［1817］以及 *Edinburgh Journal of Science*［1827, 1828］。——原编者

射望远镜的色差是无法消除的，但后来人们找到了把不同折射率的玻璃组合在一起的办法来消除色差。夫琅和费的专长之一就是制造消色差透镜。要制造消色差透镜，就得熟练掌握各种不同折射率的玻璃的制造。1814年夫琅和费在测试用他制造出的玻璃制作的棱镜时，发现太阳光谱中有很多暗线。但制成棱镜的玻璃要非常纯，只要有一点点缺陷，就会使暗线的清晰度降低。

牛顿用三棱镜分解太阳光时，没有发现这些暗线，因为他的棱镜玻璃纯度不够。12年前沃拉斯顿观测到7条这样的暗线。但夫琅和费观测到的将近600条。他对其中比较清晰的暗线进行了测量，并给它们分别标以A、B…K等字母，测定了它们的波长。夫琅和费进一步指出，不管所测量的光线来自太阳还是月球或者行星，这些光谱线总出现在同一位置上。最后他绘制出了几百条谱线的位置，现在总称为夫琅和费谱线。

夫琅和费的发现为天文学家研究太阳乃至恒星内部的物理状况开辟了一条"通天捷径"，以他的发现为契机，一门新的分支学科——恒星天文学应运而生。夫琅和费不到40岁就死于肺结核，他的墓碑上刻着"他接近了恒星"。

通过本选文《太阳光谱中谱线的发现和描述》，读者可以了解到夫琅和费亲笔记录下的他作出这一发现的过程。

我在一间暗室的百页窗上，开了一条狭缝——宽约15角秒，长约36角分——让阳光通过这条狭缝照射到前述经纬仪旁边的一块火石玻璃制成的棱镜上。经纬仪离窗约 24 英尺，棱镜的屈折角为 60°。棱镜置于经纬仪的望远镜物镜前，且使光的入射角等于出射角。我想了解，是否在太阳光的彩色像中也存在灯光的彩色像中所看到的那种亮带。但事实并非如此，我在望远镜中看到的几乎是一些数不清的强弱竖线，它们比彩色像的其余部分暗；有一些几乎完全是黑的。如转动棱镜，使入射角增加，这些线便消失；如使入射角变小，它们也会消失。但是，如果缩短望远镜，则当入射角增大时，这些线又将重现；而对于较小的入射角，为使线能重新出现，目镜需向外拉出一些。如果把目镜调节到能看清彩色像红区中的线，那么，为了能看到禁区的线，必须把目镜稍稍向里推进。如把阳光入的狭缝加宽，则细的线将变得模糊，当狭缝加宽到 40 角秒时，细的线便全部消失。如狭缝放宽到 1 角分，则连一些宽的线也无法看清。改变百页窗上狭缝的宽度和经纬仪到狭缝之间的距离，线与线之间的距离和它们之间的相互

冰洲石晶体是首次用来发现双折射的晶体，一束光线经冰洲石折射后形成两束光线。

关系都保持不变。不论棱镜用何种折射物质制成，也不论折射角
有多大，总可以看到这些线，只不过它们随彩色像的大小而变强
或变弱，因而观测起来较易或较难罢了。

　　这些线和条纹彼此之间的关系对各种折射物质来说似乎都是
一样的，例如在任何情况下，某种带总是出现在蓝区，而另一种带
总是出现在红区，因而能立即认出所观测的是哪一条线。在由冰
洲石晶体的寻常光和非常光所形成的光谱中也能证认出这些线。
最强的线并不标出各种颜色的界限；线两边的颜色几乎总是相同
的，从一种颜色到另一种颜色的过渡很不明显。

　　给出与这些线有关的彩色像。但是，在这样的尺度上不可能
给出所有的线以及它们的强度（彩色像的红端在 A 附近，紫端在
I 附近）[①]。要给红端或紫端定出一个明确的界限是不可能的，尽管
在红端比在紫端要容易一些。直接照射的太阳光，或者是由平面

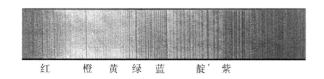

　　　　红　　　橙　黄　绿　蓝　　　靛′紫

镜反射的太阳光，似乎都具有一定的界限，一端在 G 和 H 中间的
某处，另一端在 B 处；当用很强的太阳光照射时，彩色像将加长

―――――――――――――――――――

[①]　由于原书图非常模糊，已无法识别 A、B 等字母的位置，故在图上未标明字母。——
　　编校者

一半。然而，为了观测这条大为展宽的光谱，必须防止 C 和 G 之间的光进入眼睛，因为从彩色像两端来的光在眼睛中的印象极其微弱，会被其余部分的光所破坏。[①]在 A 处，可以容易地认出一条清晰的线；但它并不是红区的极限，因为后者还向外延伸很远。在 A 处的线很多，它们形成了一个带。B 的界限明确，并具有一定的宽度。在 B 和 C 之间可数出 9 条纤细且边缘明锐的线。C 线的强度颇大，而且同 B 一样，很黑。在 C 和 D 之间可数出 30 条纤细的线；但它们（除两条外）与 B、C 之间的那些线一样，只有用高倍率的目镜或大色散的棱镜才能清楚地观测到；而且它们也都具有非常鲜明的界线。D 是由两条强线组成的，它们中间隔着一条亮线。在 D 和 E 之间可数出约 84 条强度不等的线。E 本身由几条线组成，位于中间的那一条比其余的稍强一些。在 E 和 b 之间约有 24 条线。在 b 处有三条很强的线，其中两条仅由很窄的亮线隔开；它们属于光谱上最强的线。在 b 和 F 之间约可数出 52 条线；F 线颇强。在 F 和 G 之间有大约 185 条强度不等的线。G 处集中了许多线，它们中有几条强度很突出。在 G 和 H 之间有大约 190 条线，它们的强度相差很大。在 H 处的两个带最为显著；它们几乎完全相等，而且每一条都由许多线组成；在每一条的中央都是一条很黑的强线。从 H 到 I 之间也有大量的线。

---

① 眼睛对黄、绿光最敏感，对红光和紫光最不敏感，当太阳光增强时，光谱两端肉眼不敏感的波段也能看到了，因而彩色像加长。但这时需防止橙、黄、绿、蓝、靛等颜色的光进入眼睛，才能看清两端的谱线。——原编者

通过多次实验和各种方法，我确信这些线和带都是反映太阳光本身性质的东西，而不是由于折射甚至幻觉产生的。如果让灯光通过百叶窗上的同一条狭缝，则上述的线一条也观测不到，只有一条亮线 R 准确地位于 D 线的位置上，这表明光线 D 和 R 的折射系数相同。为什么当窗上的狭缝变宽时，光谱上的线会逐渐模糊甚至完全消失呢？原因不难说明。较强的线具有从 5 角秒到 10 角秒的宽度；因此，如果窗上的狭缝不够窄，就很难看出通过它的光属于哪一种光线，或者说，如果狭缝的角宽度比线的角宽度大得多，于是同一条线的像将出现在几倍于它的宽度范围内，结果将使线模糊，甚至在狭缝太宽时完全消失。

选自《天文学名著选译》，宣焕灿选编，知识出版社，1989 年。许敖敖译。

复述和结论

——《物种起源》第十五章

达尔文 |

| 导读 |

达尔文（Charles Darwin, 1809—1882）出生在英国的施鲁斯伯里，是一名家道殷实的医生的儿子。16 岁时便被父亲送到爱丁堡大学学医，但达尔文似乎没有继承父亲的才能。1828 年气愤的父亲把达尔文送到剑桥大学，改学神学，达尔文兴趣似乎仍然不大。在读了洪堡的著作后，他对博物学产生了兴趣。1831 年从剑桥大学毕业后，达尔文放弃从事待遇丰厚的牧师职业。该年 12 月，英国政府组织了"比格尔号"全球科学考察航行，达尔文被推荐担任随船的博物学家，达尔文的父亲反对这项计划，达尔文的叔父说服了老达尔文。就这样，达尔文开始了一次历时 5 年的环球旅行。

在此之前他读过赖尔（英国地质学

达尔文

家，火成论和均变说的提出者）的一些书。介绍他读这些书的人本希望达尔文跟他一起嘲笑赖尔的观点，但达尔文没有笑，反而相信了赖尔的观点。他认识到地球是古老的，生命的发展经历了漫长的过程。在"比格尔号"上他对这些问题的观念得到了明朗化、深刻化的机会。

沿着南美洲海岸行驶时，达尔文觉察到了物种是怎样一点点地发生着变化的。特别引起他注意的是距离厄瓜多尔海岸大约650英里处的由12个左右的小岛组成的加拉帕戈斯群岛上的一群燕雀——现在它们被命名为达尔文燕雀。他发现这些燕雀在很多方面都彼此相似，但至少可以分为14个不同的种。其中没有一种出现在邻近的大陆上，而且就当时所知也不存在于世界上其他地方。达尔文相信邻近大陆上的原始燕雀种在很久很久以前必定来到了这岛上，它们的后代后来逐渐分化为不同的种类。有些只吃某一种种子，有些吃另一种，有一些还只吃昆虫。一个特定的种因为其不同的生活方式就会发育出特殊的鸟喙，特殊大小的躯体，特殊的组织系统。大陆上的原始燕雀没有经历这些变化。

然而什么原因引起了这些燕雀在进化中的变异呢？1836年回到英国时，达尔文还没有找到答案。他被选进地质学会，忙于写作旅行和考察结果，于1839年出版了《比格尔轮上一个博物学家的旅行》。该书获得了巨大的成功，使达尔文一举成名。达尔文还发表了关于珊瑚礁是由于珊瑚残骸逐渐堆积而成的观点，此说与赖尔的学说正好相反，但赖尔为达尔文的著作感到由衷的喜悦，以至两人成了至交好友。

　　1838 年达尔文读到马尔萨斯的《人口论》，他马上想到书中的观点也同样适用于其他生命形式，而且在过剩部分中，首先被淘汰的将是争夺食物的过程中处于不利地位的那一部分。比如加拉帕戈斯群岛上最早的一群燕雀，在开始时一定曾经未受抑制地繁衍滋生，并且必定超过了它们赖以为生的植物种子的供应。因此有一些饿死了，先饿死的是那些比较羸弱的或不善于寻找植物种子的燕雀。如果有一些能够改食较大的或较硬的种子，或者更进一步，改吃昆虫的话，那将出现什么情况呢？不能实现转变的就只能受到饥饿的牵制，而能够实现转变的，就会发现一个未被采掘过的食物来源，于是它们就能迅速蓄息滋生直到它们的食物供应也开始紧缩起来。

　　迫于环境的压力，生物会使它们自己适应不同的生活方式。往往会出现某一群生物可以更适合于某一小环境的变化，而得以生存下来。自然界就这样选择某一群而淘汰另一群。通过这种"自然选择"，生命扩增出了几近无限多的品种。在各个特定的小环境里，适者生存，劣者淘汰。但是，一只吃种子的燕雀，是怎样做到突然学会其他燕雀做不到的改吃昆虫的呢？这里达尔文没有提出坚实的论证。

　　达尔文不断地搜集证据，试图完善他理论中的薄弱环节。1844 年他开始写一部书，由于太想精益求精了，直到 1858 年书还未脱稿。此时，另一位博物学家华莱士写了一篇论文，其中包含的观点与达尔文的几乎一模一样。华莱士还寄了一个副本给达尔文征求意见。达尔文收到文稿时大吃一惊，但他没有匆忙出版他的书来夺回荣誉。他大度地把华莱士的文章转送其他科学家。赖尔坚持要达尔文提出与华莱士合作发表两人的共同结论，华莱士也不失为慷慨君子，1858年两人的论文在林奈学会的学报上发表。

第二年达尔文出版了他的书，这本已经很厚的书只是原写作计划的五分之一。全名称作：《论通过自然选择的物种起源，或生活斗争中适者生存》，通常简称《物种起源》。学术界对这本书已经等候多时了，首版1 250册在第一天就被抢购一空，以后一次又一次地再版。

《物种起源》的出版引起了持久的争论，神创论者和具有目的论倾向的科学家们对达尔文学说展开猛烈攻击，说达尔文的学说亵渎圣灵，有失人类尊严，等等。达尔文太过温文尔雅，其秉性很不适于争辩。幸而赫胥黎挺身而出为捍卫达尔文的学说进行战斗，他自称"达尔文的斗犬"。在德国和美国，也各有人为达尔文学说与反对派争论。

《物种起源》一书回避了这么一个爆炸性的问题，即达尔文的学说是否也适用于人类自身。在这一点上，赖尔作出了热烈的反应，他在1863年出版的《古老的人类》一书中，坚定地支持达尔文学说，并就人类或类人的生物在地球上必曾走过千万年漫长的历程进行了讨论。作为证据，他引用了当时在古老地层中发现的石制工具。华莱士怀疑进化论是否适用于人类，但是达尔文不怀疑。在 1871 年出版的《人类的遗传》一书中，达尔文论述了显示人类是低于人类的生命形式的后裔的证据。

到 1882 年 4 月 19 日达尔文因病去世时，自然选择的进化论已经赢得了胜利，反对派依然存在，但主要已不是科学家。达尔文在死时获得了崇高的评价，他被安葬在威斯敏斯特大教堂里离牛顿、法拉第和他的朋友赖尔不远的地方。

本文选自《物种起源》的最后一章"复述和结论"，读者从中可以了解到自然选择学说的大概。

对自然选择学说的异议的复述——支持自然选择学说的一般的和特殊的情况的复述——一般相信物种不变的原因——自然选择学说可以引申到什么程度——自然选择学说的采用对于博物学研究的影响——结束语

因为全书是一篇绵长的争论，所以把主要的事实和推论简略地复述一遍，可能给予读者一些方便。

我不否认，有许多严重的异议可以提出来反对伴随着变异的生物由来学说，这一学说是以变异和自然选择为依据的。我曾努力使这些异议充分发挥它们的力量。比较复杂的器官和本能的完善化并不依靠超越于甚至类似于人类理性的方法，而是依靠对于个体有利的无数轻微变异的累积，最初看来，没有什么比这更难使人相信的了。尽管如此，虽然在我们的想象中这好像是一个不可克服的大难点，可是如果我们承认下述的命题，这就不是一个真实的难点，这些命题是：体制的一切部分和本能至少呈现个体差异——生存斗争导致构造上或本能上有利偏差的保存——最后，在每一器官的完善化的状态中有诸级存在，每一级对于它的种类都是有利的。这些命题的正确性，我想，是无可争辩的。

毫无疑问，甚至猜想一下许多器官是通过什么样的中间级进而成善化了的，也有极端困难，特别对于已经大量绝灭了的、不连续的、衰败的生物群来说，更加如此；但是我们看到自然界里有那么多奇异的级进，所以当我们说任何器官或本能，或者整个构造不能通过许多级进的步骤而达到现在的状态时，应该极端的谨慎。必须承认，有特别困难的事例来反对自然选择学说，其中最奇妙的一个就是同一蚁群中有两三种工蚁即不育雌蚁的明确等级；但是，我已经试图阐明这些难点是

俗话说"万物生长靠太阳"，没有太阳也就谈不上地球和地球上的生物进化。那么太阳的光芒照耀了多少年？这成为一个关键问题（直到 20 世纪上半叶才看到解决这个问题的希望）。

达尔文通过对英国南部一条山谷的观察，根据当时测得的冲蚀速度，估算出要形成这样一条山谷需要三亿年。地球尚且存在了三亿年，太阳至少也应照耀了三亿年。

但是德国物理学家亥姆霍兹（H. Helmholtz）在 1854 年提出太阳的能源来自大质量的引力收缩从势能转化而成的热能。因成就卓著而被册封为开尔文勋爵的英国大物理学家威廉·汤姆森（W. Thompson），也认为太阳的能源转化自引力势能，他认为是持续不断的原初流星撞击到太阳上形成了太阳能源，并

以他的权威在1862年宣布："流星理论"能给予太阳能量来源真实的完全的解释，该理论能提供给太阳2 000万年的发光时间。开尔文并据此反对进化论学说。

进化论需要更长的地球年龄来允许物种进行分化达到当前的多样性，更多的地质学证据也显示地球有更为古老的年龄。但是开尔文勋爵是大科学家，他是从科学的角度、用科学的方法提出的太阳寿命，所以达尔文把他的反对意见看成是"曾经提出来的最严重的异议之一"。

怎样得到克服的。

物种在第一次杂交中的几乎普遍的不育性，与变种在杂交中的几乎普遍的能育性，形成极其明显的对比，关于这一点我必须请读者参阅第九章末所提出的事实的复述，这些事实，依我看来，决定性地示明了这种不育性不是特殊的禀赋，有如两个不同物种的树木不能嫁接在一起绝不是特殊的禀赋一样；而只是基于杂交物种的生殖系统的差异所发生的偶然事情。我们在使同样两个物种进行互交——即一个物种先用作父本，后用作母本——的结果中所得到的大量差异里，看到上述结论的正确性。从二型和三型的植物的研究加以类推，也可以清楚地导致相同的结论，因为当诸类型非法地结合时，它们便产生少数种籽或不产生种籽，它们的后代也多少是不育的；而这些类型无疑是同一物种，彼此只在生殖器官和生殖机能上有所差异而已。

变种杂交的能育性及其混种后代的能育性虽然被如此众多的作者们确认是普遍

的，但是自从高度权威该特纳和科尔路特举出若干事实以后，这就不能被认为是十分正确的了。被试验过的变种大多数是在家养状况下产生的；而且因为家养状况（我不是单指圈养而言）几乎一定有消除不育性的倾向，根据类推，这种不育性在亲种的杂交中会有影响；所以我们就不应该希望家养状况同样会在它们的变异了的后代杂交中诱起不育性。不育性的这种消除显然是从容许我们的家畜在各种不同环境中自由生育的同一原因而来的，而这又显然是从它们已经逐渐适应于生活条件的经常变化而来的。

有两类平行的事实似乎对于物种第一次杂交的不育性及其杂种后代的不育性提出了许多说明。一方面，有很好的理由可以相信，生活条件的轻微变化会给予一切生物以活力和能育性。我们又知道同一变种的不同个体的杂交以及不同变种的杂交会增加它

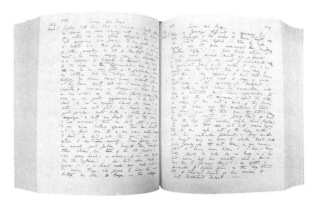

达尔文比格尔轮上的日记

们后代的数目，并且一定会增加它们的大小和活力。这主要由于进行杂交的类型曾经暴露在多少不同的生活条件下；因为我曾经根据一系列辛劳的实验确定了，如果同一变种的一切个体在若干世代中都处于相同的条件下，那么从杂交而来的好处常常会大事减少或完全消失。这是事实的一面。另一方面，我们知道曾经长期暴露在近乎一致条件下的物种，当在大不相同的新条件之下圈养时，它们或者死亡，或者活着，即使保持完全的健康，也要变成不育的了。对长期暴露在变化不定的条件下的家养生物来说，这种情形并不发生，或者只以轻微的程度发生。因此，当我们看到两个不同物种杂交，由于受孕后不久或在很早的年龄死亡，而所产生的杂种数目稀少时，或者虽然活着而它们多少变得不育时，这种结果极可能是因为这些杂种似乎把两种不同的体制融合在一起，事实上已经遭受到生活条件中的巨大变化。谁能够以明确的方式来解释，比方说，象或狐狸在它的故乡受到圈养时为什么不生育，而家猪或猪在最不相同的条件下为什么还能大量地生育，于是他就能够对以下问题作出确切的答案，即两个不同的物种当杂交时以及它们的杂种后代为什么一般都是多少不育的，而两个家养的变种当杂交时以及它们的混种后代为什么都是完全能育的。

就地理的分布而言，伴随着变异的生物由来学说所遭遇的难点是极其严重的。同一物种的一切个体、同一属或甚至更高级的群的一切物种都是从共同的祖先传下来的；因此，它们现在不管在地球上怎样遥远的和隔离的地点被发现，它们一定是在连续世代的过程中从某一地点迁徙到一切其他地点的。这是怎样发生的，甚至往往连猜测也完全不可能。然而，我们既然有理由相信，某些物种曾经在极长的时间保持同一物种的类型（这时期如以年代来计算是极其长久的），所以不应过分强调同一物种的偶然的广泛散布；为什么这样说呢？因为在很长久的时期里总有良好的机会通过许多方法来进行广泛迁徙的。不连续或中断的分布常常可以由物种在中间地带的绝灭来解释。不能否认，我们对于在现代时期内曾经影响地球的各种气候变化和地理变化的全部范围还是很无知的；而这些变化则往往有利于迁徙。作为一个例证，我曾经企图示明冰期对于同一物种和近似物种在地球上的分布的影响曾是如何的有效。我们对于许多偶然的输送方法还是深刻无知的。至于生活在遥远而隔离的地区的同属的不同物种，因为变异的过程必然是缓慢地进行的，所以迁徙的一切方法在很长的时期里便成为可能；结果同属的物种的广泛散布的难点就在某种程度上减小了。

按照自然选择学说，一定有无数的中间类型曾经存在过，这些中间类型以微细的级进把每一群中的一切物种联结在一起，这些微细的级进就像现存变种那样，因此我们可以问：为什么我们没有在我们的周围看到这些联结的类型呢？为什么一切生物并没有混杂成不能分解的混乱状态呢？关于现存的类型，我们应该记住我们没有权利去希望（除了极少的例子以外）在它们之间发现直接联结的连锁，我们只能在各个现存类型和某一绝灭的、被排挤掉的类型之间发现这种连锁。如果一个广阔的地区在一个长久时期内曾经保持了连续的状态，并且它的气候和其他生活条件从被某一个物种所占有的区域逐渐不知不觉地变化到为一个密切近似物种所占有的区域，即使在这样的地区内，我们也没有正当的权利去希望在中间地带常常找到中间变种。因为我们有理由相信，每一属中只有少数物种曾经发生变化；其他物种则完全绝灭，而没有留下变异了的后代。在的确发生变化的物种中，只有少数在同一地区内同时发生变化；而且一切变异都是逐渐完成的。我还阐明，起初在中间地带存在的中间变种大概会容易地被任何方面的近似类型所排挤；因为后者由于生存的数目较大，比起生存数目较少的中间变种一般能以较快的速率发生变化和改进；结果中间变种最后就要被排挤掉和消灭掉。

世界上现存生物和绝灭生物之间以及各个连续时期内绝灭物种和更加古老物种之间，都有无数联结的连锁已经绝灭。按照这一学说来看，为什么在每一地质层中没有填满这等连锁类型呢？为什么化石遗物的每一次采集没有为生物类型的逐级过渡和变化提供明显的证据呢？虽然地质学说的研究毫无疑问地揭露了以前曾经存在的许多连锁，把无数的生物类型更加紧密地联结在一起，但是它所提供的过去物种和现存物种之间的无限多的微细级进并不能满足这一学说的要求；这是反对这一学说的许多异议中的最明显的异议。还有，为什么整群的近似物种好像是突然出现在连续的地质诸阶段之中呢（虽然这常常是一种假象）？虽然我们现在知道，生物早在寒武纪最下层沉积以前的一个无可计算的极古时期就在这个地球上出现了，但是为什么我们在这个系统之下没有发现巨大的地层含有寒武纪化石的祖先遗骸呢？因为，按照这个学说，这样的地层一定在世界历史上的这等古老的和完全未知的时代里，已经沉积于某处了。

我只能根据地质记录比大多数地质学家所相信的更加不完全这一假设来回答上述的问题和异议。一切博物馆内的标本数目与肯定曾经生存过的无数物种的无数世代比较起来，是微不足道的。任何两个或更多物种的亲类型不会在它的一切性状上都直接地介于它的变异了的后代之间，正如岩鸽在嗉囊和尾方面不直接介于它的后代突胸鸽和扇尾鸽之间一样。如果我们研究两种生物，即使这研究是周密进行的，除非我们得到大多数的中间连锁，我们就不能辨识一个物种是否是另一变异了的物种的祖先；而且由于地质记录的不完全，我们也没有正当的权利去希望找到这么许多连锁。如果有两三个或者甚至更多的联结的类型被发现，它们就会被许多博物学者简单地列为那样多的新物种，如果它们是在不同地质亚层中找到的，不管它们的差异如何轻微，就尤其如此。可以举出无数现存的可疑类型，大概都是变种；但是谁敢说将来会发现如此众多的化石连锁，以至博物学者能够决定这些可疑的类型是否应该叫作变种？只有世界的一小部分曾经作过地质勘探。只有某些纲的生物才能在化石状态中至少以任何大量的数目被保存下来。许多物种一旦形成以后如果永不再进行任何变化，就会绝灭而不留下变异了的后代；而且物种进行变化的时期，虽然以年来计算是长久的，但与物种保持同一类型的时期比较起来，大概还是短的。占优势的和分布广的物种，最常变异，并且变异最多，变种起初又常是地方性的——由于这两个原因，要在任何一个地层里发现中间连锁就比较不容易。地方变种不等到经过相当的变异和改进之后，是不会分布到其他遥远地区的；当它们散布开了，并且在一个地层中被发现的时候，它们看来好像是在那里被突然创造出来似的，于是就被简单地列为新的物种。大多数地层在沉积中是断断续续的；它们延续的时间大概比物种类型的平均延续时间短。在大多数情形下，连续的地质层都被长久的空白间隔时间所分开；因为含有化石的地质层，其厚度足以抵抗未来的陵蚀作用，按照一般规律，这样的地质层只能在海底下降而有大量沉积物沉积的地方，才能得到堆积。在水平面上升和静止的交替时期，一般是没有地质记录的。在后面这样的时期中，生物类型大概会有更多的变异性；在下降的时期中，大概有更多的绝灭。

关于寒武纪地质层以下缺乏富含化石的地层这一点，我只能回到第十章所提出的假说；即，我们的大陆和海洋在长久时期内虽然保持了几乎像现在这样的相对位置，但是我们没有理由去假设永远都是这样的；所以比现在已知的任何地质层更古老得多的地质层可能还埋藏在大洋之下。有人说自从我们这个行星凝固以来所经历的时间，并不足以使生物完成所设想的变化量，这一异议，正如汤普森爵士所极力主张的，大概是曾经提出来的最严重异议之一。关于这一点我只能说：第一，如用年来计算，我们不知道物种以何种速率发生变化；第二，许多哲学家还不愿意承认，我们对于宇宙的和地球内部的构成已有足够的知识，可以用来稳妥地推测地球过去的时间长度。

大家都承认地质记录是不完全的；但是很少人肯承认它的不完全已到了我们学说所需要的那种程度。如果我们观察到足够悠久的长期的间隔时间，地质学说就明白地表明一切物种都变化了；而且它们以学说所要求的那种方式发生变化，因为它们都是缓慢地而且以逐渐的方式发生变化的。我们在连续地质层里的化石遗骸中清楚地看到这种情形，这等地质层中化石遗骸的彼此关系一定远比相隔很远的地质层中的化石遗骸更加密切。

以上就是可以正当提出来反对这个学说的几种主要异议和难点的概要；我现在已经就我所知道的简要地复述了我的回答和解释。多年以来我曾感到这些难点是如此严重，以致不能怀疑它们的分量。但是值得特别注意的是，更加重要的异议与我们公认无知的那些问题有关；而且我们还不知道我们无知到什么程度。我们还不知道在最简单的和最完善的器官之间的一切可能的过渡级进；也不能假装我们已经知道，在悠久岁月里"分布"的各种各样的方法，或者地质记录是怎样的不完全。尽管这几种异议是严重的，但在我的判断中它们决不足以推翻伴随着后代变异的生物由来学说。

现在让我们谈谈争论的另一方面。在家养状况下，我们看到由变化了的生活条件所引起的或者至少是所激起的大量变异性；但是它经常以这样暧昧的方式发生，以致我们容易把变异认为是自发的。变异性受许多复杂的法则所支配——受相关生长、补偿作用、器官的增强使用和不使用，以及周围条件的一定作用所支配。确定我们的家养生物曾经发生过多少变化，困难很大；但是我们可以稳妥地推论，变异量是大的，而且变异能够长久地遗传下去。只要生活条件保持不变，我们就有理由相信，曾经遗传过许多世代的变异可以继续遗传到几乎无限的世代。另一方面，我们有证据说，一旦发生作用的变异性在家养状况下便可在很久的时期内不会停止；我们还不知道它何时停止过，因为就是最古老的家养生物也会偶尔产生新变种。

变异性实际上不是由人引起的；他只是无意识地把生物放在新的生活条件之下，于是自然就对生物的体制发生作用，而引起它发生变异。但是人能够选择并且确实选择了自然给予他的变异，从而把变异按照任何需要的方式累积起来。这样，他便可以使动物和植物适应他自己的利益或爱好。他可以有计划地这样做，或者可以无意识地这样做，这种无意识选择的方法就是保存对他最有用或最合乎他的爱好的那些个体，但没有改变品种的任何企图。他肯定能够借着在每一连续世代中选择那些除了有训练的眼睛就不能辨识出来的极其微细的个体差异，来大大影响一个品种的性状。这种无意识的选择过程在形成最显著的和最有用的家养品种中曾经起过重大的作用。人所产生的许多品种在很大程度上具有自然物种的状况，这一事实已由许多品种在很大程度上具有自然物种的状况，这一事实已由许多品种究竟是变种或本来是不同的物种这一难以解决的疑难问题所示明了。

没有理由可以说在家养状况下曾经如此有效地发生了作用的原理为什么不能在自然状况下发生作用。在不断反复发生的生存斗争中有利的个体或族得到生存，从这一点我们看到一种强有力的和经常发生作用的"选择"的形式。一切生物都依照几何级数高度地增加，这必然会引起生存斗争。这种高度的增加率可用计算来证明——许多动物和植物在连续的特殊季节中以及在新地区归化时都会迅速增加，这一点就可证明高度的增加率。产生出来的个体比可能生存的多。天平上的些微之差便可决定哪些个体将生存，哪些个体将死亡——哪些变种或物种将增加数量，哪些将减少数量或最后绝灭。同一物种的个体彼此在各方面进行了最密切的竞争，因此它们之间的斗争一般最为剧烈；同一物种的变种之间的斗争几乎也是同样剧烈的，其次就是同属的物种之间的斗争。另一方面，在自然系统上相距很远的生物之间的斗争也常常是剧烈的。某些个体在任何年龄或任何季节比与其相竞争的个体只要占有最轻微的优势，或者对周围物理条件具有任何轻微程度的较好适应，结果就会改变平衡。

对于雌雄异体的动物，在大多数情形下雄者之间为了占有雌者，就会发生斗争。最强有力的雄者，或与生活条件斗争最成功的雄者，一般会留下最多的后代。但是成功往往取决于雄者具有特别武器，或者防御手段，或者魅力；轻微的优势就会导致胜利。

地质学清楚地表明，各个陆地都曾发生过巨大的物理变化，因此，我们可以预料生物在自然状况下曾经发生变异，有如它们在家养状况下曾经发生变异那样。如果在自然状况下有任何变异的话，那么要说自然选择不曾发生作用，那就是无法解释的事实了。常常有人主张，变异量在自然状况下是一种严格有限制的量，但是这个主张是不能证实的。人，虽然只是作用于外部性状而且其结果是莫测的，却能够在短暂的时期内由累积家养生物的个体差异而产生巨大的结果；并且每一个人都承认物种呈现有个体差异。但是，除了个体差异外，一切博物学者都承认有自然变种存在，这些自然变种被认为有足够的区别而值得在分类学著作中加以记载。没有人曾经在个体差异和轻微变种之间，或者在特征更加明确的变种和亚种之间，以及亚种和物种之间划出任何明显的区别。在分离的大陆上，在同一大陆上而被任何种类的障碍物分开的不同区域，以及在遥远的岛上，有大量的生物类型存在，有些有经验的博物学者把它们列为变种，另一些博物学者竟把它们列为地理族或亚种，还有一些博物学者把它们列为不同的虽然是密切近似的物种！

那么，如果动物和植物的确发生变异，不管其如何轻微或者缓慢，只要这等变异或个体差异在任何方面是有利的，为什么不会通过自然选择即最适者生存而被保存下来和累积起来呢？人既能耐心选择对他有用的变异，为什么在变化着的和复杂的生活条件下有利于自然生物的变异不会经常发生，并且被保存，即被选择呢？对于这种在悠久年代中发生作用并严格检查每一生物的整个体制、构造和习性——助长好的并排除坏的——的力量能够加以限制吗？对于这种缓慢地并美妙地使每一类型适应于最复杂的生活关系的力量，我无法看到有什么限制。甚至如果我们不看得更远，自然选择学说似乎也是高度可信的。我已经尽可能公正地复述了对方提出的难点和异议：现在让我们转而谈一谈支持这个学说的特殊事实和论点罢。

物种只是特征强烈显著的、稳定的变种，而且每一物种首先作为变种而存在，根据这一观点，我们便能理解，在普通假定由特殊创造行为产生出来的物种和公认为由第二性法则产生出来的变种之间，为什么没有一条界线可定。根据这同一观点，我们还能理解在一个属的许多物种曾经产生出来的而且现今仍为繁盛的地区，为什么这些物种要呈现许多变种；因为在形成物种很活跃的地方，按照一般的规律，我们可以预料它还在进行；如果变种是初期的物种，情形就确是这样。还有，大属的物种如果提供较大数量的变种，即初期物种，那么它们在某种程度上就会保持变种的性状；因为它们之间的差异量比小属的物种之间的差异量为小。大属的密切近似物种显然在分布上要受到限制，并且它们在亲缘关系上围绕着其他物种聚成小群——这两方面都和变种相似。根据每一物种都是独立创造的观点，这些关系都是奇特的，但是如果每一物种都是首先作为变种而存在的话，那么这些关系便是可以理解的了。

各个物种都有按照几何级数繁殖率而过度增加数量的倾向；而且各个物种的变异了的后代由于它们在习性上和构造上更加多样化的程度，便能在自然组成中攫取许多大不相同的场所而增加它们的数量，因此自然选择就经常倾向于保存任何一个物种的最分歧的后代。所以在长久连续的变异过程中，同一物种的诸变种所特有的轻微差异便趋于增大而成为同一属的诸物种所特有的较大差异。新的、改进了的变种不可避免地要排除和消灭掉旧的、改进较少的和中间的变种；这样，物种在很大程度上就成为确定的、界限分明的了。每一纲中属于较大群的优势物种有产生新的和优势的类型的倾向；结果每一大群便倾向于变得更大，同时在性状上更加分歧。但是所有的群不能都这样继续增大，因为这世界不能容纳它们，所以比较占优势的类型就要打倒比较不占优势的类型。这种大群继续增大以及性状继续分歧的倾向，加上不可避免的大量绝灭的事情，说明了一切生物类型都是按照群之下又有群来排列的，所有这些群都被包括在曾经自始至终占有优势的少数大纲之内。把一切生物都归在所谓"自然系统"之下的这一伟大事实，如果根据特创说，是完全不能解释的。

自然选择仅能借着轻微的、连续的、有利的变异的累积而发生作用，所以它不能产生巨大的或突然的变化；它只能按照短小的和缓慢的步骤而发生作用。因此，"自然界里没有飞跃"这一格言，已被每次新增加的知识所证实，根据这个学说，它就是可以理解的了。我们能够理解，为什么在整个自然界中可以用几乎无限多样的手段来达到同样的一般目的，因为每一种特点，一旦获得，就可以长久遗传下去，并且已经在许多不同方面变异了的构造势必适应同样的一般目的。总之，我们能够理解，为什么自然界在变异上是浪费的，虽然在革新上是吝啬的。但是如果每一物种都是独立创造出来的话，那么，为什么这应当是自然界的一条法则，就没有人能够解释了。

　　依我看来，根据这个学说，还有许多其他事实可以得到解释。这是多么奇怪：一种啄木鸟形态的鸟会在地面上捕食昆虫；很少或永不游泳的高地的鹅具有蹼脚；一种像鸫的鸟潜水并吃水中的昆虫；一种海燕具有适于海雀生活的习性和构造！还有无穷尽的其他例子也都是这样的。但是根据以下的观点，即各个物种都经常在力求增加数量，而且自然选择总是在使每一物种的缓慢变异着的后代适应于自然界中未被占据或占据得不好的地方，那么上述事实就不足为奇，甚至是可以料想到的了。

　　我们能够在某种程度上理解整个自然界中怎么会有这么多的美；因为这大部分是由选择作用所致。按照我们的感觉，美并不是普遍的，如果有人看见过某些毒蛇、某些鱼、某些具有丑恶得像歪扭人脸那样的蝙蝠，他们都会承认这一点。性选择曾经把最灿烂的颜色、优美的样式和其他装饰物给予雄者，有时也给予许多鸟类、蝴蝶和其他动物的两性。关于鸟类，性选择往往使雄者的鸣声既可取悦于雌者，也可取悦于我们的听觉。花和果实由于它的彩色与绿叶相衬显得很鲜明，因此花就容易被昆虫看到、访问和传粉，而且种籽也会被鸟类散布开去。某些颜色、声音和形状会怎样给予人类和低于人类的动物以快感——即最简单的美感在最初是怎样获得的——我们并不知道，有如我们不知道某些味道和香气最初怎样变成为适意的一样。

　　因为自然选择由竞争而发生作用，它使各个地方的生物得到适应和改进，这只是对其同位者而言；所以任何一个地方的物种，虽然按照通常的观点被假定是为了那个地区创造出来而特别适应那个地区的，却被从其他地方移来的归化生物所打倒和排挤掉，对此我们不必惊奇。自然界里的一切设计，甚至像人类的眼睛，就我们所能判断的来说，并不是绝对安全的；或者它们有些与我们的适应观念不相容，对此也不必惊奇。蜜蜂的刺，当用来攻击敌人时，会引起蜜蜂自己的死亡；雄蜂为了一次交配而产生出那么多，交配之后便被它们的不育的姊妹们杀死；枞树花粉的惊人的浪费；后蜂对于它的能育的儿女们所具有的本能仇恨；姬蜂在毛虫的活体内求食；以及其他这类的例子，也不足为奇。从自然选择学说看来，奇怪的事情实际上倒是没有发现更多的缺乏绝对完全化的例子。

　　支配产生变种的复杂而不甚理解的法则，就我们所能判断的来说，与支配产生明确物种的法则是相同的。在这两种场合里，物理条件似乎产生了某种直接的和确定的效果,但这效果有多大,我们却不能说。这样,当变种进入任何新地点以后,它们有时便取得该地物种所固有的某些性状。对于变种和物种,使用和不使用似乎产生了相当的效果;如果我们看到以下情形,就不可能反驳这一结论。例如,具有不能飞翔的翅膀的大头鸭所处的条件几乎与家鸭相同;穴居的枸鼠有时是盲目的;某些鼹鼠通常是盲目的,而且眼睛上被皮肤遮盖着;栖息在美洲和欧洲暗洞里的许多动物是盲目的。对于变种和物种,相关变异似乎发挥了重要作用,因此,当某一部分发生变异时,其他部分也必然要发生变异。对于变种和物种,长久亡失的性状有时会在变种和物种中复现。马属的若干物种以及它们的杂种偶尔会在肩上和腿上出现条纹,根据特创说,这一事实将如何解释呢!如果我们相信这些物种都是从具有条纹的祖先传下的,就像鸽的若干家养品种都是从具有条纹的蓝色岩鸽传下来的那样,那么上述事实的解释将是如何简单呀!

按照每一物种都是独立创造的通常观点,为什么物种的性状,即同属的诸物种彼此相区别的性状比它们所共有的属的性状更多变异呢?比方说,一个属的任何一种花的颜色,为什么当其他物种具有不同颜色的花时,要比当一切物种的花都具有同样颜色时,更加容易地发生变异呢?如果说物种只是特征很显著的变种,而且它们的性状已经高度地变得稳定了,那么我们就能够理解这种事实;因为这些物种从一个共同祖先分枝出来以后它们在某些性状上已经发生过变异了，这就是这些物种彼此赖以区别的性状；所以这些性状比在长时期中遗传下来而没有变化的属的性状就更加容易地发生变异。根据特创说，就不能解释在一属的单独一个物种里，以很异常方式发育起来的因而我们可以自然地推想对于那个物种有巨大重要性的器官，为什么显著容易地发生变异；但是，根据我们的观点，自从若干物种由一个共同祖先分枝出来以后，这种器官已经进行了大量的变异和变化，因此我们可以预料这种器官一般还要发生变异。但是一种器官，如同蝙蝠的翅膀，可能以最异常的方式发育起来，但是，如果这种器官是许多附属类型所共有的，也就是说，如果它曾是在很长久时期内被遗传下来的，这种器官并不会比其他构造更容易地发生变异；因为在这种情形下，长久连续的自然选择就会使它变为稳定的了。

看一看本能，某些本能虽然很奇异，可是按照连续的、轻微的、有益的变异之自然选择学说，它们并不比肉体构造提供更大的难点。这样，我们便能理解为什么自然在赋予同纲的不同动物以若干本能时，是以级进的步骤进行活动的。我曾企图示明级进原理对于蜜蜂可赞美的建筑能力提供了多么重要的解释。在本能的改变中，习性无疑往往发生作用；但它并不是肯定不可缺少的，就像我们在中性昆虫的情形中所看到的那样，中性昆虫并不留下后代遗传有长久连续的习性的效果。根据同属的一切物种都是从一个共同祖先传下来的并且遗传了许多共同性状这一观点，我们便能了解近似物种当处在极不相同的条件之下时，怎么还具有几乎同样的本能；为什么南美洲热带和温带的鹩像不列颠的物种那样地用泥土涂抹它们的巢的内侧。根据本能是通过自然选择而缓慢获得的观点，我们对某些本能并不完全，容易发生错误，而且许多本能会使其他动物蒙受损失，就不必大惊小怪了。

如果物种只是特征很显著的、稳定的变种，我们便能立刻看出为什么它们的杂交后代在类似亲体的程度上和性质上——在由连续杂交而相互吸收方面以及在其他这等情形方面——就像公认的变种杂交后代那样地追随着同样的复杂法则。如果物种是独立创造的，并且变种是通过第二性法则产生出来的，这种类似就成为奇怪的事情了。

如果我们承认地质记录不完全到极端的程度，那么地质记录所提供的事实就强有力地支持了伴随着变异的生物由来学说。新的物种缓慢地在连续的间隔时间内出现；而不同的群经过相等的间隔时间之后所发生的变化量是大不相同的。物种和整个物群的绝灭，在有机世界的历史中起过非常显著的作用，这几乎不可避免地是自然选择原理的结果；因为旧的类型要被新而改进了的类型排挤掉。单独一个物种也好，整群的物种也好，当普通世代的链条一旦断绝时，就不再出现了。优势类型的逐渐散布，以及它们后代的缓慢变异，使得生物类型经过长久的间隔时间以后，看来好像是在整个世界范围内同时发生变化似的。各个地质层的化石遗骸的性状在某种程度上是介于上面地质层和下面地质层的化石遗骸之间的。这一事实可以简单地由它们在系统链条中处于中间地位来解释。一切绝灭生物都能与一切现存生物分类在一起，这一伟大事实是现存生物和绝灭生物都是共同祖先的后代的自然结果。因为物种在它们的由来和变化的悠久过程中一般已在性状上发生了分歧，所以我们便能理解为什么比较古代的类型，或每一群的早期祖先，如此经常地在某种程度上处于现存群之间的位置。总之，现代类型在体制等级上一般被看作比古代类型为高；而且它们必须是较高级的，因为未来发生的、比较改进了的类型在生活斗争中战胜了较老的和改进较少的类型；它们的器官一般也更加专业化，以适于不同机能。这种事实与无数生物尚保存简单的而很少改进的适于简单生活条件的构造是完全一致的；同样地，这与某些类型在系统的各个阶段中为了更好地适于新的、退化的生活习性而在体制上退化了的情形也是一致的。最后，同一大陆的近似类型——如大洋洲的有袋类、美洲的贫齿类和其他这类例子——的长久延续的奇异法则也是可以理解的，因为在同一地区里，现存生物和绝灭生物由于系统的关系会是密切近似的。

　　看一看地理分布，如果我们承认，由于以前的气候变化和地理变化以及由于许多偶然的和未知的散布方法，在悠长的岁月中曾经有过从世界的某一部分到另一部分的大量迁徙，那么根据伴随着变异的生物由来学说，我们便能理解有关"分布"上的大多数主要事实。我们能够理解，为什么生物在整个空间内的分布和在整个时间内的地质演替会有这么动人的平行现象；因为在这两种情形里，生物通常都由世代的纽带所联结，而且变异的方法也是一样的。我们也体会了曾经引起每一个旅行家注意的奇异事实的全部意义，即在同一大陆上，在最不相同的条件下，在炎热和寒冷下，在高山和低地上，在沙漠和沼泽里，每一大纲里的生物大部分是显然相关联的；因为它们都是同一祖先和早期移住者的后代。根据以前迁徙的同一原理，在大多数情形里它与变异相结合，我们借冰期之助，便能理解在最遥远的高山上和在北温带、南温带中的某些少数植物的同一性，以及许多其他生物的密切近似性；同样地还能理解，虽然被整个热带海洋隔开的北温带和南温带海里的某些生物的密切相似性，虽然两个地区呈现着同一物种所要求的密切相似的物理条件，如果这两个地区在长久时期内是彼此分开的，那么我们对于它们的生物的大不相同就不必大惊小怪；因为，由于生物和生物之间的关系是一切关系中的最重要关系，而且这两个地区在不同时期内会从其他地区或者彼此相互接受不同数量的移住者，所以这两个地区中的生物变异过程就必然是不同的。

依据谱系以后发生变化的这个迁徙的观点，我们便能理解为什么只有少数物种栖息在海洋岛上，而其中为什么有许多物种是特殊的即本地特有的类型。我们清楚地知道那些不能横渡广阔海面的动物群的物种，如蛙类和陆栖哺乳类，为什么不栖息在海洋岛上；另一方面，还可理解，像蝙蝠这些能够横渡海洋的动物，其新而特殊的物种为什么往往见于离开大陆很远的岛上。海洋岛上有蝙蝠的特殊物种存在，却没有一切其他陆栖哺乳类，根据独立创造的学说，这等情形就完全不能得到解释了。

任何两个地区有密切近似的或代表的物种存在，从伴随着变异的生物由来学说的观点看来，是意味着同一亲类型以前曾经在这两个地区栖息过；并且，无论什么地方，如果那里有许多密切近似物种栖息在两个地区，我们必然还会在那里发现两个地区所共有的某些同一物种。无论在什么地方，如果那里有许多密切近似的而区别分明的物种发生，那么同一群的可疑类型和变种也会同样地在那里发生。各个地区的生物必与移入者的最近根源地的生物有关联，这是具有高度一般性的法则。在加拉帕戈斯群岛、胡安·斐尔南德斯群岛（Juar Fernandez）[①] 以及其他美洲岛屿上的几乎所有的植物和动物与邻近的美洲大陆的植物和动物的动人关系中，我们看到这一点；也在佛得角群岛以及其他非洲岛屿上的生物与非洲大陆生物的关系中看到这一点。必须承认，根据特创说，这些事实是得不到解释的。

我们已经看到，一切过去的和现代的生物都可群下分群，而且绝灭的群往往介于现代诸群之间，在这等情形下，它们都可以归入少数的大纲中，这一事实，根据自然选择及其所引起的绝灭和性状分歧的学说，是可以理解的。根据这些同样的原理，我们便能理解，每一纲里的类型的相互亲缘关系为什么是如此复杂和曲折的。我们还能理解，为什么某些性状比其他性状在分类上更

---

① 在南太平洋，智利以西 644 千米。——译者

加有用——为什么适应的性状虽然对于生物具有高度的重要性，可是在分类上几乎没有任何重要性；为什么从残迹器官而来的性状，虽然对于生物没有什么用处，可是往往在分类上具有高度的价值；还有，胚胎的性状为什么往往是最有价值的。一切生物的真实的亲缘关系，与它们的适应性的类似相反，是可以归因于遗传或系统的共同性的。"自然系统"是一种依照谱系的排列，依所获得的差异诸级，用变种、物种、属、科等术语来表示的；我们必须由最稳定的性状，不管它们是什么，也不管在生活上多么不重要，去发现系统线。

人的手、蝙蝠的翅膀、海豚的鳍和马的腿都由相似的骨骼构成——长颈鹿颈和象颈的脊椎数目相同——以及无数其他的这类事实，依据伴随着缓慢的、微小而连续的变异的生物由来学说，立刻可以得到解释。蝙蝠的翅膀和腿——螃蟹的颚和腿——花的花瓣、雄蕊和雌蕊，虽然用于极其不同的目的，但它们的结构样式都相似。这些器官或部分在各个纲的早期祖先中原来是相似的，但以后逐渐发生了变异，根据这种观点，上述的相似性在很大程度上还是可以得到解释的。连续变异不总是在早期年龄中发生，并且它的遗传是在相应的而不是在更早的生活时期；依据这一原理，我们更可清楚地理解，为什么哺乳类、鸟类、爬行类和鱼类的胚胎会如此密切相似，而在成体类型中又如此不相似。呼吸空气的哺乳类或鸟类的胚胎就像必须依靠很发达的鳃来呼吸溶解在水中的空气的鱼类那样地具有鳃裂和弧状动脉，对此我们用不着大惊小怪。

不使用，有时借自然选择之助，往往会使在改变了的生活习性或生活条件下变成无用的器官而缩小；根据这一观点，我们便能理解残迹器官的意义。但是不使用和选择一般是在每一生物到达成熟期并且必须在生存斗争中发挥充分作用的时期，才能对每一生物发生作用，所以对于在早期生活中的器官没有什么影响力；因此那器官在这早期年龄里不会被缩小或成为残迹的。比方说，小牛从一个具有很发达牙齿的早期祖先遗传了牙齿，而它们的牙齿从来不穿出上颚牙床肉；我们可以相信，由于舌和颚或唇通过自然选择变得非常适于吃草，而无需牙齿的帮助，所以成长动物的牙齿在以前就由于不使用而缩小了；可是在小牛中，牙齿没有受到影响，并且依据遗传在相应年龄的原理，它们从遥远的时期一直遗传到今天。带着毫无用处的鲜明印记的器官，例如小牛胚胎的牙齿或许多甲虫的连合鞘翅下的萎缩翅，竟会如此经常发生，根据每一生物以及它的一切不同部分都是被特别创造出来的观点，这将是多么完全不可理解的事情。可以说"自然"曾经煞费苦心地利用残迹器官、胚胎的以及同原的构造来泄露她的变化的设计，只是我们太盲目了，以致不能理解她的意义。

上述事实和论据使我完全相信，物种在系统的悠久过程中曾经发生变化，对此我已做了复述。这主要是通过对无数连续的、轻微的、有利的变异进行自然选择而实现的；并且以重要的方式借助于器官的使用和不使用的遗传效果；还有不重要的方式，即同不论过去或现在的适应性构造有关，它们的发生依赖外界条件的直接影响，也依赖我们似乎无知的自发变异。看来我以前是低估了在自然选择以外导致构造上永久变化的这种自发变异的频率和价值。但是因为我的结论最近曾被严重地歪曲，并且说我把物种的变异完全归因于自然选择，所以请让我指出，在本书的第一版中，以及在以后的几版中，我曾把下面的话放在最显著的地位——即《绪论》的结尾处："我相信'自然选择'是变异的最主要的但不是独一无二的手段。"这话并没有发生什么效果。根深蒂固的误解力量是大的；但是科学的历史示明，这种力量幸而不会长久延续。

几乎不能设想，一种虚假的学说会像自然选择学说那样地以如此令人满意的方式解释上述若干大类的事实。最近有人反对说，这是一种不妥当的讨论方法；但是，这是用来判断普通生活事件的方法，并且是最伟大的自然哲学者们所经常使用的方法。光的波动理论就是这样得来的；而地球环绕中轴旋转的信念，直到最近还没有直接的证据。要说科学对于生命的本质或

达尔文这里把自然选择学说与哥白尼的日心说和牛顿的万有引力理论相比。确实，三者都被当作科学理论，但是后二者都能提出精密的数学模型，并能预言新的可通过观测验证的事实，这是所谓"精密科学"的重要特征。在这两点上，进化论未能做到。

起源这个更高深的问题还没有提出解释，这并不是有力的异议。谁能够解释什么是地心吸力的本质呢？现在没有人会反对遵循地心吸力这个未知因素所得出的结果；尽管列不尼兹（Leibnitz）以前曾经责难牛顿，说他引进了"玄妙的性质和奇迹到哲学里来"。

本书所提出的观点为什么会震动任何人的宗教感情，我看不出有什么好的理由。要想指出这种印象是如何短暂，记住以下情形就够了：人类曾有过最伟大发现，即地心吸力法则，也被列不尼兹抨击为"自然宗教的覆灭，因而推理地也是启示宗教的覆灭"。一位著名的作者兼神学者写信给我说，"他已逐渐觉得，相信'神'创造出一些少数原始类型，它们能够自己发展成其他必要类型，与相信'神'需要一种新的创造作用以补充'神'的法则作用所引起的空虚，同样都是崇高的'神'的观念"。

可以质问，为什么直到最近差不多所有在世的最卓越的博物学者和地质学者都不相信物种的可变性呢？不能主张生物在自然状况下不发生变异；不能证明变异量在悠久年代的过程中是一种有限的量；在物种和特征显著的变种之间未曾有，或者也不能有清楚的界限。不能主张物种杂交必然是不育的，而变种杂交必然是能育的；或者主张不育性是创造的一种特殊禀赋和标志。只要把地球的历史想成是短暂的，几乎不可避免地就要相信物种是不变的产物；而现在我们对于时间的推移已经获得某种概念，我们就不可没有根据地去假定地质的记录是这样完全，以致如果物种曾经有过变异，地质就会向我们提供有关物种变异的明显证据。

但是，我们天然地不愿意承认一个物种会产生其他不同物种的主要原因，在于我们总是不能立即承认巨大变化所经过的步骤，而这些步骤又是我们不知道的。这和下述情形一样：当赖尔最初主张长行的内陆岩壁的形成和巨大山谷的凹下都是由我们现在看到的依然发生作用的因素所致，对此许多地质学者都感到难于承认。思想大概不能掌握即便是一百万年这用语的充分意义；而对于经过几乎无限世代所累积的许多轻微变异，其全部效果如何更是不能综合领会的了。

虽然我完全相信本书在提要的形式下提出来的观点是正确的；但是，富有经验的博物学者的思想在岁月的悠久过程中装满了大量事实，其观点与我的观点直接相反，我并不期望说服他们。在"创造的计划""设计的一致"之类的说法下，我们的无知多么容易被荫蔽起来，而且还会只把事实复述一遍就想象自己已经给予了一种解释。无论何人，只要他的性情偏重尚未解释的难点，而不重视许多事实的解释，他就必然要反对这个学说。在思想上被赋有很大适应性的并且已经开始怀疑物种不变性的少数博物学者可以受到本书的影响；但是我满怀信心地看着将来——看着年轻的、后起的博物学者，他们将会没有偏见地去看这个问题的两方面。已被引导到相信物种是可变的人们，无论是谁，如果自觉地去表示他的确信，他就做了好事；因为只有这样，才能把这一问题所深深受到的偏见的重负移去。

几位卓越的博物学者最近发表他们的信念，认为每一属中都有许多公认的物种并不是真实的物种；而认为其他物种才是真实的，就是说，被独立创造出来的。依我看来，这是一个奇怪的结论。他们承认，直到最近还被他们自己认为是特别创造出来的、并且大多数博物学者也是这样看待它们的、因而具有真实物种的一切外部特征的许多类型，是由变异产生的，但是他们拒绝把这同一观点引申到其他稍微不同的类型。虽然如此，他们并不冒充他们能够确定，或者甚至猜测，哪些是被创造出来的生物类型，哪些是由第二性法则产生出来的生物类型。他们在某一种情形下承认变异是真实原因，在另一种情形下却又断然否认它，而又不指明这两种情形有何区别。总有一天这会被当作奇怪的例子来说明先入之见的盲目性。这些作者对奇迹般的创造行为并不比对通常的生殖感到更大的惊奇。但是他们是否真的相信，在地球历史的无数时期中，某些元素的原子会突然被命令骤然变成活的组织呢？他们相信在每次假定的创造行为中都有一个个体或许多个体产生出来吗？所有无限繁多种类的动物和植物在被创造出来时究竟是卵或种籽或充分长成的成体吗？在哺乳类的情形下，它们是带着营养的虚假印记从母体子宫内被创造出来的吗？毫无疑问，相信只有少数生物类型或只有某一生物类型的出现或被创造的人并不能解答这类问题。几位作者曾主张，相信创造成百万生物与创造一种生物是同样容易的；但是莫波丢伊（Maupertuis）的"最小行为"的哲学格言会引导思想更愿意接受较少的数目；但是肯定地我们不应相信，每一大纲里的无数生物在创造出来时就具有从单独一个祖先传下来的明显的、欺人的印记。

作为事物以前状态的记录，我在以上诸节和其他地方记下了博物学者们相信每一物种都是分别创造的若干语句；我因为这样表达意见而大受责难。但是，毫无疑问，在本书第一版出现时，这是当时一般的信念。我以前向很多博物学者谈论过进化的问题，但从来没有一次遇到过任何同情的赞成。在那个时候大概有某些博物学者的确相信进化，但是他们或者沉默无言，或者叙述得这么模糊，以致不容易理解他们所说的意义。现在的情形就完全不同了，几乎每一博物学者都承认伟大的进化原理。尽管如此，还有一些人，他们认为物种曾经通过十分不能解释的方法而突然产生出新的、完全不同的类型；但是，如我力求示明的，大量的证据可以提出来反对承认巨大而突然的变化。就科学的观点而论，为进一步研究着想，相信新的类型以不能理解的方法从旧的、十分不同的类型突然发展出来，比相信物种从尘土创造出来的旧信念，并没有什么优越之处。

可以问，我要把物种变异的学说扩展到多远。这个问题是难于回答的，因为我们所讨论的类型愈是不同，有利于系统一致性的论点的数量就愈少，其说服力也愈弱。但是最有力的论点可以扩展到很远。整个纲的一切成员被一条亲缘关系的连锁联结在一起，一切都能够按群下分群的同一原理来分类。化石遗骸有时有一种倾向，会把现存诸目之间的巨大空隙填充起来。

残迹状态下的器官清楚地示明了，一种早期祖先的这种器官是充分发达的；在某些情形里这意味着它的后代已发生过大量变异。在整个纲里，各种构造都是在同一样式下形成的，而且早期的胚胎彼此密切相似。所以我不能怀疑伴随着变异的生物由来学说把同一大纲或同一界的一切成员都包括在内。我相信动物至多是从四种或五种祖先传下来的，植物是从同样数目或较少数目的祖先传下来的。

类比方法引导我更进一步相信，一切动物和植物都是从某一种原始类型传下来的。但是类比方法可能把我们导入迷途。虽然如此，一切生物在它们的化学成分上、它们的细胞构造上、它们的生长法则上、它们对于有害影响的易感性上都有许多共同之处。我们甚至在以下那样不重要的事实里也能看到这一点，即同一毒质常常同样地影响各种植物和动物；瘿蜂所分泌的毒质能引起野蔷薇或橡树产生畸形。在一切生物中，或者某些最低等的除外，有性生殖似乎在本质上都是相似的。在一切生物中，就现在所知道的来说，最初的胚胞是相同的；所以一切生物都是从共同的根源开始的。如果当我们甚至看一看这两个主要部分——即看一看动物界和植物界——某些低等类型如此具有中间的性质，以致博物学者们争论它们究竟应该属于哪一界。正如阿萨·格雷教授所指出的，"许多低等藻类的孢子和其他生殖体可以说起初在特性上具有动物的生活，以后无可怀疑地具有植物的生活"。所以，依据伴随着性状分歧的自然选择原理，动物和植物从这些低等的中间类型发展出来，并不是不可信的；而且，如果我们承认了这一点，我们必须同样地承认曾经在这地球上生活过的一切生物都是从某一原始类型传下来的。但是这推论主要是以类比方法为根据的，它是否被接受无关紧要。正如刘易士先生所主张的，毫无疑问，在生命的黎明期可能就有许多不同的类型发生；但是，倘真如此，则我们便可断定，只有很少数类型曾经遗留下变异了的后代。因为，正如我最近关于每一大界，如"脊椎动物""关节动物"等的成员所说的，在它们的胚胎上、同原构造上、残迹构造上，我们都有明显的证据可以证明每一界里的一切成员都是从单独一个祖先传下来的。

我在本书所提出的以及华莱士先生所提出的观点，或者有关物种起源的类似的观点，一旦被普遍接受以后，我们就能够隐约地预见到在博物学中将会发生重大革命。分类学者将能和现在一样地从事劳动；但是他们不会再受到这个或那个类型是否为真实物种这一可怕疑问的不断搅扰。这，我确信并且根据经验来说，对于各种难点将不是微不足道的解脱。有关的五十个物种的不列颠树莓类（bramble）是否为真实物种这一无休止的争论将会结束。分类学者所做的只是决定（这点并不容易）任何类型是否充分稳定并且能否与其他类型有所区别，而给它下一个定义；如果能够给它下一定义，那就要决定那些差异是否充分重要，值得给以物种的名称。后述一点将远比它现在的情形重要；因为任何两个类型的差异，不管如何轻微，如果不被中间诸级把它们混合在一起，大多数博物学者就会认为这两个类型都足以提升到物种的地位。

从此以后，我们将不得不承认物种和特征显著的变种之间的唯一区别是：变种已被知道或被相信现在被中间级进联结起来，而物种却是在以前被这样联结起来的。因此，在不拒绝考虑任何两个类型之间目前存在着中间级进的情况下，我们将被引导更加仔细地去衡量、更加高度地去评价它们之间的实际差异量。十分可能，现在一般被认为只是变种的类型，今后可能被相信值得给以物种的名称；在这种情形下，科学的语言和普通的语言就一致了。总而言之，我们必须用博物学者对待属那样的态度来对待物种，他们承认属只不过是为了方便而作出的人为组合。这或者不是一个愉快的展望；但是，对于物种这一术语的没有发现的、不可能发现的本质，我们至少不会再做徒劳的探索。

博物学的其他更加一般的部门将会大大地引起兴趣。博物学者所用的术语如亲缘关系、关系、模式的同一性、父性、形态学、适应的性状、残迹的和萎缩的器官等，将不再是隐喻的，而会有它的鲜明的意义。当我们不再像未开化人把船看作完全不可理解的东西那样地来看生物的时候；当我们把自然界的每一产品看成是都具有悠久历史的时候；当我们把每一种复杂的构造和本能看成是各个对于所有者都有用处的设计的综合，有如任何伟大的机械发明是无数工人的劳动、经验、理性以及甚至错误的综合的时候；当我们这样观察每一生物的时候，博物学的研究将变得——我根据经验来说——多么更加有趣呀！

在变异的原因和法则、相关法则、使用和不使用的效果、外界条件的直接作用等等方面,将会开辟一片广大的、几乎未经前人踏过的研究领域。家养生物的研究在价值上将大大提高。人类培育出来一个新品种,比起在已经记载下来的无数物种中增添一个物种,将会成为一个更加重要、更加有趣的研究课题。我们的分类,就它们所能被安排的来说,将是按谱系进行的;那时它们才能真的显示出所谓"创造的计划"。当我们有一确定目标的时候,分类的规则无疑会变得更加简单。我们没有得到任何谱系或族徽;我们必须依据各种长久遗传下来的性状去发现和追踪自然谱系中的许多分歧的系统线。残迹器官将会确实无误地表明长久亡失的构造的性质。称作异常的、又可以富于幻想地称作活化石的物种和物种群,将帮助我们构成一张古代生物类型的图画。胚胎学往往会给我们揭露出每一大纲内原始类型的构造,不过多少有点模糊而已。

如果我们能够确定同一物种的一切个体以及大多数属的一切密切近似物种,曾经在不很遥远的时期内从第一个祖先传下来,并且从某一诞生地迁移出来;如果我们更好地知道迁移的许多方法,而且依据地质学现在对于以前的气候变化和地平面变化所提出的解释以及今后继续提出的解释,那么我们就确能以令人赞叹的方式追踪出全世界生物的过去迁移情况。甚至在现在,如果把大陆相对两边的海栖生物之间的差异加以比较,而且把大陆上各种生物与其迁移方法显然有关的性质加以比较,那么我们就能对古代的地理状况多少提出一些说明。

　　地质学这门高尚的科学，由于地质记录的极端不完全而损失了光辉。埋藏着生物遗骸的地壳不应被看作一个很充实的博物馆，它所收藏的只是偶然的、片段的、贫乏的物品而已。每一含有化石的巨大地质层的堆积应该被看作由不常遇的有利条件来决定的，并且连续阶段之间的空白间隔应该被看作极长久的。但是通过以前的和以后的生物类型的比较，我们就能多少可靠地测出这些间隔的持续时间。当我们试图依据生物类型的一般演替，把两个并不含有许多相同物种的地质层看作严格属于同一时期时，必须谨慎。因为物种的产生和绝灭是由于缓慢发生作用的、现今依然存在的原因，而不是由于创造的奇迹行为；并且生物变化的一切原因中最重要的原因是一种几乎与变化的或者突然变化的物理条件无关的原因，即生物和生物之间的相互关系——一种生物的改进会引起其他生物的改进或绝灭；所以，连续地质层的化石中的生物变化量虽不能作为一种尺度来测定实际的时间过程，但大概可以作为一种尺度来测定相对的时间过程。可是，许多物种在集体中可能长时期保持不变，然而在同一时期里，其中若干物种，由于迁徙到新的地区并与外地的同住者进行竞争，可能发生变异；所以我们对于把生物变化作为时间尺度的准确性，不必有过高的评价。

　　我看到了将来更加重要得多的广阔研究领域。心理学将稳固地建筑在赫伯特·斯潘塞先生所奠定的良好基础上，即每一智力和智能都是由级进而必然获得的。人类的起源及其历史也将由此得到大量说明。

最卓越的作者们对于每一物种曾被独立创造的观点似乎感到十分满足。依我看来，世界上过去的和现在的生物之产生和绝灭就像决定个体的出生和死亡的原因一样地是由于第二性的原因，这与我们所知道的"造物主"在物质上打下印记的法则更相符合。当我把一切生物不看作是特别的创造物，而看作是远在寒武纪第一层沉积下来以前就生活着的某些少数生物的直系后代，依我看来，它们是变得尊贵了。从过去的事实来判断，我们可以稳妥地推想，没有一个现存物种会把它的没有改变的外貌传递到遥远的未来。并且在现今生活的物种很少把任何种类的后代传到极遥远的未来；因为据一切生物分类的方式看来，每一属的大多数物种以及许多属的一切物种都没有留下后代，而是已经完全绝灭了。展望未来，我们可以预言，最后胜利的并且产生占有优势的新物种的，将是各个纲中较大的优势群的普通的、广泛分布的物种。既然一切现存生物类型都是远在寒武纪以前生存过的生物的直系后代，我们便可肯定，通常的世代演替从来没有一度中断过，而且还可确定，从来没有任何灾变曾使全世界变成荒芜。因此我们可以多少安心地去眺望一个长久的、稳定的未来。因为自然选择只是根据并且为了每一生物的利益而工作，所以一切肉体的和精神的禀赋都有向着完善化前进的倾向。

凝视树木交错的河岸，许多种类的无数植物覆盖其上，群鸟鸣于灌木丛中，各种昆虫飞来飞去，蚯蚓在湿土里爬过，并且默想一下，这些构造精巧的类型，彼此这样相异，并以这样复杂的方式相互依存，而它们都是由于在我们周围发生作用的法则产生出来的，这岂非有趣之事？这些法则，就其最广泛的意义来说，就是伴随着"生殖"的"生长"；几乎包含在生殖以内的"遗传"；由于生活条件的间接作用和直接作用以及由于使用和不使用所引起的变异；生殖率如此之高以致引起"生存斗争"，因而导致"自然选择"，并引起"性状分歧"和较少改进的类型的"绝灭"。这样，从自然界的战争里，从饥饿和死亡里，我们便能体会到最可赞美的目的，即高级动物的产生直接随之而至。认为生命及其若干能力原来是由"造物主"注入少数类型或一个类型中去的，而且认为在这个行星按照引力的既定法则继续运行的时候，最美丽的和最奇异的类型从如此简单的始端，过去曾经而且现今还在进化着；这种观点是极其壮丽的。

选自《物种起源》，[英]达尔文著，周建人、叶笃庄、方宗熙译，
商务印书馆，1995 年。

假设不仅必要，而且合理

庞加莱 |

| 导读 |

庞加莱（Henri Poincare，1854—1912），法国数学家、物理学家、科学哲学家。1854 年 4 月 29 日生于南锡。庞加莱在读中学时，已显示出很高的数学才能。1873 年 10 月以第一名考入巴黎综合工科学校；1875 年入国立高等矿业学校学习工程，后任工程师。1879 年获巴黎大学数学博士学位。1881 年起在巴黎大学任教。1887 年当选为巴黎科学院院士，1908 年当选为法兰西学院院士。他还多次获得法国及其他国家的荣誉和奖励。

庞加莱的研究涉及了数论、代数学、几何学、拓扑学等许多领域。庞加莱对经典物理学有深入而广泛的研究，他在天体力学方面的工作和对三体问题的研究成果使他在 1889 年获得瑞典国王的奖励；他对狭义相对论的创立也有一定的贡献，是

庞加莱

最早看出爱因斯坦相对论的意义的人之一。1881年到1886年间庞加莱发表四篇关于"微分方程所确定的积分曲线"的论文，创立微分方程定性理论。1892年到1899间，庞加莱创立了自守函数论。1895年庞加莱提出同调的概念，开创代数拓扑学。从1899年起庞加莱开始研究电子理论，最先认识到洛伦兹变换构成群。1900年庞加莱根据电磁波理论，暗示电磁场能量可能具有质量，其密度数值应为能量密度除以光速平方，并指出电磁振子定向发射电磁波时应受到反冲。1904年庞加莱提出电动力学的相对性原理，并根据观测记录认为速度不能超过光速。

庞加莱是20世纪初最著名的科学家之一，有人把他称作最后一个广博的数学家，因为他在数学的大多数分支以及天文学上都作出了第一流的创造性工作。庞加莱同时也是造诣很深的科学哲学家，他著有《科学与假设》《科学与方法》《科学之价值》等名著。庞加莱的文章包括科学论文，都写得文笔优美，以至于有人还把他称作散文家。在本书选取的短文《假设不仅必要，而且合理》中，庞加莱非常深刻地剖析了"假设"在科学研究中的重要意义。

对于一个浅薄的观察者来说，科学的真理是无可怀疑的；科学的逻辑是确实可靠的，假如科学家有时犯错误，那只是由于他们弄错了科学规划。

数学的真理是用一连串无懈可击的推理从少数一目了然的命题推演出来的，这些真理不仅把它们强加于我们，而且强加于自然本身。可以说，它们支配着造物主，只容许他在比较少的几个答案中选择。因此，为数不多的实验将足以使我们知道他作出了什么选择。从每一个实验，通过一系列的数学演绎，便可推出许多结果，于是每一个实验将使我们了解宇宙之一隅。

对于世界上的许多人来说，对于获得第一批物理学概念的中学生来说，科学确实性的来源就在于此。这就是他们所理解

事实上，相对性（relativity）这一名词的发明者并不是爱因斯坦，而是庞加莱。庞加莱在1905年的前一年的演讲《新世纪的物理学》中有这样一段："根据相对性原则，物理现象的规律应该是同样的，无论是对于固定不动的观察者，或是对于作匀速运动的观察者。这样我们不能，也不可能，辨别我们是否正处于这样一个运动状态。"这一段不仅介绍了相对性这个概念，而且显示出了异常的哲学洞察力。

的实验和数学的作用。100年前，许多学者就持有同样的想法，他们梦想用尽可能少的实验来构造世界。

人们略加思索，便可以察觉到假设所起的作用；数学家没有它便不能工作，更不用说实验家了。于是人们思忖、考虑所有这些建筑物是否真正牢固，是否吹一口气会使之倾倒。以这样的方式怀疑是浅薄的。怀疑一切和信仰一切二者同样是方便的答案；每一个都使我们不用思考。

不要对假设简单地加以责难，因此我们应当仔细地审查假设的作用。于是，我们将认识到，不仅假设是必要的，而且它通常也是合理的。我们也将看到，存在着几类假设：一些是可以检验的，它们一旦被实验确证后就变成富有成效的真理；另一些不会使我们误入歧途，它们对于坚定我们的思想可能是有用的；最后，其余的只是表面看来是假设，它们可划归为伪装的定义或约定。

最后的这些假设尤其在数学及其相关的科学中遇到。这些科学正是由此获得了它们的严格性；这些约定是我们精神自由活动的产物，我们的精神在这个领域内自认是无障碍的。在这里，我们的精神能够作出裁决，因为它能颁布法令；然而，我们要知道，尽管这些法令强加于我们的科学——没有它们便不可能有科学，但它们并没有强加于自然界。可是，它们是任意的吗？不，否则它们将毫无结果了。实验虽然给我们以选择的自由，但同时又指导我们辨明最方便的路径。因此，我们的法令如同一位专制而聪明的君主的法令，他要咨询国家的顾问委员会才颁布法令。

一些人受到某些科学基本原理中的可辨认出的这种自由约定的特点的冲击。他们想过分地加以推广，同时，他们忘掉了自由并非放荡不羁。他们由此走到了所谓的唯名论，他们自问道：学者是否为他本人的定义所愚弄？他所思考、他所发现的世界是否只是他本人的任性所创造？在这些条件下，科学也许是可靠的，但丧失了意义。

假若如此，科学便无能为力了。现在，我们每天看到它正是在我们的眼皮底下起作用。如果它不能告诉我们实在的东西，情况就不会这样。可是，它能够达到的并不是像朴素的教条主义者所设想的事物本身，而只是事物之间的关系。在这些关系之外，不存在可知的实在。

这就是我们将要得出的结论，为此我们必须考察一系列学科——从算术和几何学到力学和实验物理学。

数学推理的本性是什么？它像通常想象的那样果真是演绎的吗？更进一步的分析向我们表明，情况并非如此，它在某种程度上带有归纳推理的性质，正因为这样它才非常富有成效。它还保持着某种绝对严格的特征；这是我们首先必须指出的。

现在，由于弄清楚了数学交给研究者手中的一种工具，我们再来分析另一个基本的概念，即数学量。它是我们在自然界中发现的呢，还是我们自己把它引入自然界的呢？而且，在后一种情况下，我们不会冒把每一事物密切结合起来的风险吗？把我们感觉到的未加工的材料和数学家称之为数学量的极其复杂、极其微构成欧几里得几何学基础的一些约定应该说是有一定的经验基础的。人何以具有数学能力？是天生的还是后天慢慢获得的？这些还都是没有答案的问题。

妙的概念比较一下，我们便不得不承认一种差别；我们希望把每一事物强行纳入的框架原来是我们自己所构造的；但是我们并不是随意创造它的。可以说，我们是按尺寸制造的，因此我们能够使事实适应它，而不改变事实的基本东西。

我们强加给这个世界的另一个框架是空间。几何学的第一批原理从何而来？它们是通过逻辑强加给我们的吗？罗巴切夫斯基通过创立非欧几何学证明不是这样。空间是由我们的感官揭示的吗？也不是，因为我们的感官能够向我们表明的空间绝对不同于几何学家的空间。几何学来源于经验吗？进一步的讨论将向我们表明情况并非如此。因此，我们得出结论说，几何学的第一批原理只不过是约定而已；但是，这些约定不是任意的，如果迁移到另一个世界（我称其为非欧世界，而且我试图想象它），那我们就会被导致采用其他约定了。

在力学中，我们会得出类似的结论，我们能够看到，这门科学的原理尽管比较直接地以实验为基础，可是依然带有几何学公设的约定特征。迄今还是唯名论获胜；但现在我们看看真正的物理科学。在这里，舞台发生了变化；我们遇到了另一类假设，我们看到它们是富有成效的。毫无疑问，乍看起来，理论对我们来说似乎是脆弱的，而且科学史向我们证明，它们是多么短命；可是它们也不会完全消灭，它们每一个总要留下某种东西。正是这种东西，我们必须设法加以清理，因为在那里，而且唯有在那里，才存在着真正的实在。

物理科学的方法建立在归纳的基础上，当一种现象初次发生的境况复现时，归纳法使我们预期这种现象会重复。一旦所有这些境况能够复现，那就可以毫无顾忌地应用这个原理；但是这是从来没有出现过的；其中有些境况总是缺少的。我们可以绝对确信它们是不重要的吗？显然不能。那也许是可能的，但不会是严格可靠的。由此可见概率概念在物理科学中起着多么重要的作用。因而，概率计算不仅仅

科学史上出现过各种各样的理论，这些理论中都含有合理的东西。按照庞加莱的观点，这些东西正是需要被继承的，也只有这些东西才是真正的实在。这些也是科学进步连贯性的保证。

是玩纸牌人的娱乐或向导，我们必须深究其基本原理。在这方面，我只能给出很不完善的结果，因为这种使我们辨别概率的模糊的本能太难加以分析了。

选自《智慧的灵光——世界科学名家传世精品》，
宋建林主编，改革出版社，1999年。

培养独立工作和独立思考的人[①]

爱因斯坦

| 导读 |

爱因斯坦(Albert Einstein, 1879—1955)出生于德国乌尔姆的犹太家庭,幼年迁居慕尼黑。1894 年他父亲经商失败后去了米兰,爱因斯坦留在慕尼黑完成中学学业,但他的功课如拉丁文和希腊文很差,他只对数学感兴趣,所以老师劝他退学,并对他说:"爱因斯坦,你永远不会有多大前途。"这样,这位后来要登上科学史上的最高峰的年轻人中途退学了。

在意大利度假一段时间后,爱因斯坦到了瑞士,较为费劲地进了一所大学。在学校他也不能算是一位好学生,一般

[①] 这是爱因斯坦于 1936 年 10 月 15 日在纽约州奥耳巴尼(Albany)纽约州立大学举行的"美国高等教育三百周年纪念会"上的讲话稿,最初发表在《学校和社会》(*School and Society*)杂志,44 卷,589—592 页上,题目叫"关于教育的一些想法"。这里译自《晚年集》(*Out of My Later Years*)。

爱因斯坦

课都缺席，只专心阅读理论物理学的书。他能各门课都及格是得益于一个朋友极好的课堂笔记。大学毕业后工作不好找，还是在借他笔记的朋友的父亲的帮助下，他在1901年进了瑞士伯尔尼专利局，谋得一个低级职员的职位。这一年他入了瑞士籍。

在专利局他也不是一个安心本职的职员，满脑子想的是当时理论物理学最前沿的问题。他的问题还不需要实验室，只要铅笔、纸张和头脑。1905年是爱因斯坦成功的一年，也是科学史上有数几个特别的年份之一。这一年爱因斯坦在《德国物理学年鉴》上发表了五篇论文，包括物理学方面三项重要的发展，在这一年他获得博士学位。

1909年声誉渐著的爱因斯坦获得一个苏黎世大学的低薪教授职位。1913年在普朗克的促成下，柏林威廉大帝物理研究所给予爱因斯坦一个待遇优厚的职位。1915年爱因斯坦在一篇通常称为"广义相对论"的论文中把相对论原理从惯性系推广到加速系中，广义相对论作出了三项科学预言，后来被一一验证。[1]

　　爱因斯坦毫无疑问成了举世闻名的科学家，尽管大多数人包括很多科学家要理解他的理论还有点困难。然而他仍不能免遭德国纳粹势力的迫害。1930 年爱因斯坦到美国加利福尼亚理工学院讲学，直到希特勒上台（1933 年）仍在美国，以后再也没有回德国。爱因斯坦以后定居在新泽西州普林斯顿高级研究所，1940 年成为美国公民。

　　在他生命中的最后十年致力于寻求一种能包罗万有引力和电磁现象的理论，也就是常称之为"统一场论"的理论，不过这个难题让爱因斯坦白白耗费了许多时间和精力，并平添许多苦恼。难题最终没有解决，而且至今也没有获得解决。

　　像牛顿反对光的波动说一样，爱因斯坦也对当时物理学的另一场革命——量子力学持否定态度。其实让爱因斯坦获诺贝尔物理学奖的光量子学说是量子论早期的重要成果，但对量子力学的发展，爱因斯坦觉得它有悖于他的一些物理学信念。例如他不接受海森堡的测不准原理——时间和能量不能同时完全精确地测定，1930 年的一次会议上他提出一种假想实验来否定这条原理。玻尔在彻夜未眠后，第二天援引爱因斯坦自己的广义相对论指出了爱因斯坦思想实验中的错误。

---

[1] 参见《科学验证：那些天空及世间的证明》一书中《根据 1919 年 5 月 29 日的日全食观测测定太阳引力场中光线的弯曲》一文及其导读。

另外众所周知的，爱因斯坦给美国总统罗斯福写信力劝执行一项庞大的计划以研制原子弹，并终于实施了曼哈顿工程，在六年后造出了原子弹。二战后，他又为实现结束原子战的某种世界性协议努力到了生命最后。1955 年爱因斯坦去世，第 99 号元素锿就是为纪念他而命名的。

  爱因斯坦在科学上取得重大成就的同时，在如何培养科学精神方面常有精彩的言论，对一般人而言，这些启迪人思维的言论有时比他的相对论更值得一读。本书选取爱因斯坦这方面的一篇短文，即《培养独立工作和独立思考的人》。

  在纪念的日子里，通常需要回顾一下过去，尤其是要怀念一下那些由于发展文化生活而得到特殊荣誉的人们。这种对于我们先辈的纪念仪式确实是不可少的，尤其是因为这种对过去最美好事物的纪念，必定会鼓励今天善良的人们去勇敢奋斗。但这种怀念应当由从小生长在这个国家并熟悉它的过去的人来做，而不应当把这种任务交给一个像吉卜赛人 ① 那样到处流浪并且从各式各样的国家里收集了他的经验的人。

  这样，剩下来我能讲的就只能是超乎空间和时间条件的、但同教育事业的过去和将来都始终有关的一些问题。进行这一尝试时，我不能以权威自居，特别是因为各时代的有才智的善良的人

---

① 吉卜赛（Gipsy）是一个从亚洲迁徙到欧洲各国到处流浪的散居民族。

们都已讨论过教育这一问题，并且无疑已清楚地反复讲明他们对于这个问题的见解。在教育学领域中，我是半个外行，除了个人经验和个人信念以外，我的意见就没有别的基础。那么我究竟是凭着什么而有胆量来发表这些意见呢？如果这真是一个科学的问题，人们也许就因为这样一些考虑而不想讲话了。

但是对于能动的人类的事务而言，情况就不同了，在这里，单靠真理的知识是不够的；相反，如果要不失掉这种知识，就必须以不断的努力来使它经常更新。它像一座矗立在沙漠中的大理石像，随时都有被流沙掩埋的危险。为了使它永远照耀在阳光之下，必须不断地勤加拂拭和维护。我就愿意为这工作而努力。

学校向来是把传统的财富从一代传到另一代的最重要机构。同过去相比，在今天就更是这样。由于现代经济生活的发展，家庭作为传统和教育的承担者，已经削弱了。因此比起以前来，人类社会的延

现在的学校似乎越来越远离"培养独立工作和独立思考的人"这个目标了。在现在大学的这种数字化管理制度下，教师的目标是挣够"工分"，学生的目标是挣够"学分"。

续和健全要在更高程度上依靠学校。

有时，人们把学校简单地看作一种工具，靠它来把最大量的知识传授给成长中的一代。但这种看法是不正确的。知识是死的，而学校却要为活人服务。它应当在青年人中发展那些有益于公共福利的品质和才能。但这并不意味着应当消灭个性，使个人变成仅仅是社会的工具，像一只蜜蜂或蚂蚁那样。因为由没有个人独创性和个人志愿的统一规格的人所组成的社会，将是一个没有发展可能的不幸的社会。相反，学校的目标应当是培养独立工作和独立思考的人，这些人把为社会服务看作自己最高的人生问题。就我所能作判断的范围来说，英国学校制度最接近于这种理想的实现。

但是人们应当怎样来努力达到这种理想呢？是不是要用讲道理来实现这个目标呢？完全不是。言辞永远是空的，而且通向毁灭的道路总是和侈谈理想联系在一起的。但是人格绝不是靠所听到的和所说出来的言语而是靠劳动和行动来形成的。

因此，最重要的教育方法总是鼓励学生去实际行动。初入学的儿童第一次学写字便是如此，大学毕业写博士论文也是如此，简单地默记一首诗，写一篇作文，解释和翻译一段课文，解一道数学题目，或在体育运动的实践中，也都是如此。

但在每项成绩背后都有一种推动力，它是成绩的基础，而反过来，计划的实现也使它增长和加强。这里有极大的差别，对学校的教育价值关系极大。同样工作的动力，可以是恐怖和强制，追求威信、荣誉的好胜心，也可以是对于对象的诚挚兴趣，和追求真理与理解的愿望，因而也可以是每个健康儿童都具有的天赋和好奇心，只是这种好奇心很早就衰退了。同一工作的完成，对于学生教育影响可以有很大差别，这要看推动工作的主因究竟是对苦痛的恐惧，是自私的欲望，还是快乐和对满足的追求。没有人会认为学校的管理和教师的态度对塑造学生的心理基础没有影响。

我以为，对学校来说最坏的事是主要靠恐吓、暴力和人为的权威这些办法来进行工作。这种做法伤害了学生的健康的感情、诚实的自信；它制造出的是顺从的人。这样的学校在德国和俄国成为常例；在瑞士，以及差不多在一切民主管理的国家也都如此。要使学校不受到这种一切祸害中最坏的祸害的侵袭，那是比较简单的。只允许教师使用尽可能少的强制手段，这样教师的德和才就将成为学生对教师的尊敬的唯一源泉。

第二项动机是好胜心，或者说得婉转些，是期望得到表扬和尊重，它根深蒂固地存在于人的本性之中。没有这种精神刺激，人类合作就完全不可能；一个人希望得到他同类赞许的愿望，肯定是社会对他的最大约束力之一。但在这种复杂感情中，建设性同破坏性的力量密切地交织在一起。要求得到表扬和赞许的愿望，本来是一种健康的动机；但如果要求别人承认自己比同学、伙伴们更高明、更强有力或更有才智，那就容易产生极端自私的心理状态，而这对个人和社会都有害。因此，学校和教师必须注意防止为了引导学生努力工作而使用那种会造成个人好胜心的简单化的方法。

达尔文的生存竞争以及同它有关的选择理论，被很多人引证来作为鼓励竞争精神的根据。有些人还以这样的办法试图伪科学地证明个人之间的这种破坏性经济竞争的必然性。但这是错误的，因为人在生存竞争中的力量全在于他是一个过着社会生活的动物。正像一个蚁垤里蚂蚁之间的交战说不上什么是为生存竞争所必需的，人类社会中成员之间的情况也是这样。

因此，人们必须防止把习惯意义上的成功作为人生目标向青年人宣传。因为一个获得成功的人从他人那里所取得的，总是无可比拟地超过他对他们的贡献。然而看一个人的价值应当是从他的贡献来看，而不应当看他所能取得的多少。

在学校里和生活中，工作的最重要的动机是在工作和工作的结果中的乐趣，以及对这些结果的社会价值的认识。启发并且加强青年人的这些心理力量，我看这该是学校的最重要的任务。只有这样的心理基础，才能引导出一种愉快的愿望，去追求人的最高财富——知识和艺术技能。

要启发这种创造性的心理才能，当然不像使用强力或者唤起个人好胜心那样容易，但也正因为如此，所以才更有价值。关键在于发展孩子们对游戏的天真爱好和获得他人赞许的天真愿望，引导他们为了社会的需要参与到重要的领域中去。这种教育的主要基础是这样一种愿望，即希望得到有效的活动能力和人们的谢意。如果学校从这样的观点出发胜利完成了任务，它就会受到成长中的一代的高度尊敬，学校规定的课业就会被他们当作礼物来领受。我知道有些儿童就对在学时间比对假期还要喜爱。

这样一种学校要求教师在他的本行中成为一个艺术家。为了能在学校中养成这种精神，我们能够做些什么呢？对于这一点，正像没有什么方法可以使一个人永远健康一样，万应灵丹是不存在的。但是还有某些必要的条件是可以满足的。首先，教师应当在这样的学校成长起来。其次，在选择教材和教学方法上，应当给教师很大的自由。因为强制和外界压力无疑也会扼杀他在安排他的工作时所感到的乐趣。

如果你们一直在专心听我的想法，那么有件事或许你们会觉得奇怪。我详细讲到的是，我认为应当以什么精神教导青少年。但我既未讲到课程设置，也未讲到教学方法。譬如说究竟应当以语文为主，还是以科学的专业教育为主？

在学校学习到具体的知识是其次的，主要

爱因斯坦与爱丁顿、洛伦兹在一起

对这个问题，我的回答是：照我看来，这都是次要的。如果青年人通过体操和远足活动训练了肌肉和体力的耐劳性，以后他就会适合任何体力劳动。脑力上的训练，以及智力和手艺方面技能的锻炼也类似这样。因此，那个诙谐的人确实讲得很对，他这样来定义教育："如果人们忘掉了他们在学校里所学到的每一样东西，那么留下来的就是教育。"就是这个原因，我对于遵守古典、文史教育制度的人同那些着重自然科学教育的人之间的争论，一点也不急于想偏袒哪一方。

另一方面，我也要反对把学校看作应当直接传授专门知识和在以后的生活中直接用到的技能的那种观点。生活的要求太多种多样了，不大可能允许学校采用这样专门的训练。除开这一点，我还认为应当反对把个人作为死的工具。学校的目标始终应当是使青年人在离开它时具有一个和谐的人格，而不是使他成为一个专家。照我的见解，这在某种意义上，即使对技术

是要学习获得知识的能力。学校提供的是智力操练的机会，用语文操练还是用数学操练，在爱因斯坦看来，不应该有差别。但是现在的学校急于传授的、而学生也急于学得的是将来他们离校以后用于生存的具体技能。这样，学校培养出来的是一群会说话和走路的工具。

学校也是正确的，尽管它的学生所要从事的是完全确定的专业。学校始终应当把发展独立思考和独立判断的一般能力放在首位，而不应当把取得专门知识放在首位。如果一个人掌握了他的学科的基础，并且学会了独立思考和独立工作，就必定会找到自己的道路，而且比起那种其主要训练在于获得细节知识的人来，他会更好地适应进步和变化。

最后，我要再次强调一下，这里所讲的，虽然多少带有点绝对肯定的口气，其实，我并没有想要求它比个人的意见具有更多的意义。而提出这些意见的人，除了在他做学生和教师时积累起来的个人的经验以外，再没有别的什么东西来做他的根据。

　　　　选自《爱因斯坦文集》第三卷，许良英等编译，商务印书馆，1979 年。

关于链式反应堆的演讲 ①

费 米 |

| 导读 |

　　核电今天在世界上已经占据重要地位，"关于链式反应堆的演讲"是一篇直接与核电有关的历史文献。物理学家费米在演讲中详细回顾了如何使一个链式反应堆受控的探索过程，结论是：让一个链式反应堆受控，在技术上已经是可操作的了。这构成了今天全球所有核电站运行的基础。

---

① 1945 年 11 月 16 日到 17 日，费城美国哲学学会和美国科学院就原子能和它的应用举行了一个联合会议。这篇文章（*FP* 223）是 11 月 17 日费米在会上做的报告。其他报告人有：史密斯（H. D. Smyth）、尤利、维格纳（E. P. Wigner）、惠勒（J. A. Wheeler），讲述科学方面的问题；奥本海默（Robert Oppenheimer）谈原子武器；斯通（R. S. Stone）谈健康保护；威利兹（J. H. Willitz）、费勒（J. Viner）和康普顿（A. H. Compton）谈社会、国际和人文主义方面的问题；肖特威尔（J. T. Shotwell）和兰穆尔（I.Langmuir）谈工业能源问题。

费米的报告内容非常明白易懂。其特点是，每个题目都从最基本的原理开始讲起。

很多年以来人们就知道在原子核里储存有大量的能量，而且它的释放与能量守恒定律或任何其他已被人们接受了的基本物理学定律相矛盾。虽然这是被认识到的事实，但直到最近物理学家们一般都认为如果没有发现某些新现象之前，大规模释放核能是不可能的。

这种多少有些否定的态度的起因是：在原则上有两种核能释放的过程可以考虑。当两个核接近时，由于不同的核相互作用自动发生能量的产生。在很多可能的例子中最简单的例子也许是普通的氢。当两个氢核相互接近时就可能自动反应生成一个氘核，同时释放出一个电子。在这种过程中每一次反应释放的能量是 1.4 MeV，相当于每克 1.6×10^{10} cal（1 cal=4.186 8 J）的热量，或者说相当于等量煤燃烧时释放能量的 200 万倍。氢为什么不是核炸药的理由是：在一般条件下两个氢绝对不会相互接近，这是因为两个核都带有正电而相互排斥。在理论上没有理由不让两个核走到一起；实际上在高温和高压下都可以让它们走到一起来。但是所需要的温度和压力都超过一般方法都达到的极限。实际上温度高到以使核反应可以觉察速率进行，在恒星内部，特别是太阳，是十分普遍的；这些反应一般被认为是恒星辐射出的能量的主要来源。

费米

　　第二个释放核能的可能模式是链式反应。大部分核蜕变粒子都会放射（粒子、质子或中子），由此产生各自新的反应。由此我们可以设想这种可能性：第一个反应发生时由此反应产生的粒子可能具有足够的放射性活度，平均大于一个类似的反应。当这种情形发生时，每一"代"加入反应的核的数目增加，一直到这个过程使原来材料的相当一部分"燃烧"起来。这种链式反应是否产生决定于上一个过程发射的粒子而引起的新过程的数量是否大于或小于 1。这个数量称为"再现因子"（reproduction factor）。

　　在 1939 年发现核裂变以前，所有已知的过程再现因子都远远地小于 1。核裂变过程开辟了一条新路。几乎在核裂变发现一宣布，人们就立即开始讨论一种可能性：当两个裂变中产生的碎片分离时，它们可能被激发得有如此之高的能量使得中子可能从它们内部"蒸发"出去。这个猜想迅即被大西洋两岸的实验观测所证实。

1939 年春天，人们普遍知道由一个单个的中子与一个铀原子碰撞所引起的一次裂变，能够产生多于 1 个的新中子，可能是 2 个或 3 个，这时，许多物理学家认为以铀裂变为基础的链式反应的可能性值得探索。

与此同时，人们在审视这种可能性时既觉得给人们带来希望，又给人们带来巨大的担心。早在 1939 年，人们就意识到一场毁灭性战争正在逼近。人们有理由担心，如果这种新的科学发现首先被纳粹应用于实际就会给军事上带来巨大的潜在的危险。那时没有任何人能够预见到努力所必不可少的规模，也没人知道这项工作那么艰巨。我们的文明之所以能够继续，很可能是由于发展原子弹所需要的工业力量，在战争时期除了美国都没有这种能力。那时的政治局势对科学家的行为有一种奇怪的影响。与他们的传统相反，他们自动建立了一种检查制度，在政府认识到其重要性和保密成为命令式以前很久，他们就把裂变方面的研究看成是机密的。

上述研究的继续进行，导致链式反应的研究进展，我想说明的是，1939 年年底在已有的信息的基础上，有两条路线值得跟踪。一条路线是先从普通的铀中分离出稀有的同位素 ^{235}U，只有

原子能科学家大聚会

它才能发生慢中子铀的核裂变。因为分离后消除了丰富的同位素
^{238}U 对中子的寄生吸收（parasitic absorption），可以很容易发生链
式反应了。实际的困难当然是大规模获得同位素分离。

第二条路线是，我建议利用天然铀。同一种专门产生链式反
应的方法收集这种材料，当然比收集 ^{235}U 要棘手得多。的确，初
始分裂产生的中子在使用时必须非常小心，尽管因为 ^{238}U 的寄生
吸收会使中子减少，但它必须保持正的剩余。必须非常小心地在
中子有用的和寄生及吸收之间保持有利的平衡。既然两种吸收的
比率依赖于中子的能量，简洁地说，这个比率在低能时大一些，于
是可以采取措施从一开始就降低中子的能量，降到 1 兆电子伏，
这一能量大致是热骚动时的能量。达到这一目的一个简单过程以
前就已经知道了。它基于一个明显的事实，即当一个快中子碰上
一个原子而且反跳回来时，它会丧失一些能量并变为原子的反冲
能。对轻原子来说这个效应比较大，因为它很容易反冲，而中子
与氢相撞时可以得最大能量，但对于所有轻元素来说也有可观的
效应。

因此，为了降低中子的速度，我们将用某种合适的轻元素物
质，把铀包围起来。最明显的选择是选用最轻的元素氢来降低
中子的速度，通常用的是氢的化合物形式，如水或石蜡。进一
步的研究表明，氢并非最适合的。这是由于氢核有一种明显的
趋向，即吸收中子并与之组成重氢核——氘。由于这一原因，
当氢用来降低中子的速度时，一种新的寄生吸收出现了，它会

将维持链式反应所必需的正剩余的不多
中子吃光。

因此，为了降低中子的速度，我们
应该考虑其他轻元素。但它们都不如氢
那样有效，不过还是希望它们较低的吸
收可能超过对缺点的补偿。1939 年对许
多轻元素的吸收性质，我们了解得很少。
仅仅在很少的几种情形下，不确定的上
限可以在文献中发现。那时，最可取的
选择是重水形式的氕、氘、铍或者石墨
形式的碳。

1939—1940 年，我们在哥伦比亚大
学的小组研究这个问题，这个小组的成员
有佩格拉姆、西拉德、H. 安德森，我们的
结论是石墨是最有希望的物质，开始的时
候主要是由于这种物质很容易得到。到
1940 年的春季，用实验来研究石墨的性质
开始于哥伦比亚大学，我们供实验之用的
几吨石墨铀是委员会主席布里格斯博士供
给的。那时集中力量研究了这个问题，并
且都解决了。一个是测定石墨吸收中子的
特性，另一个是研究它降低中子速度的效

由费米发明的一
种可以用来研究中子
输运的模拟装置

率。研究这两个问题的实验技术是制作一个几英尺厚的石墨立方柱体，将一个小小的由铍和氡组成的中子源放在立方体的铀心。中子源放射的中子在石墨立方柱体中散射，中子速度逐渐降低到热骚动的能量。此后它们继续散射，直到它们或被吸收或散射出柱体之外。整个柱体内中子在空间的分布和它的能量分布，用对各种能量中子敏感的探测器绘制出来，其结果符合一个散射过程的数学理论。这些研究的结果使我们得到一种数学的计算方法，它可以相当精确地反映一个中子的生命过程，即从它被作为一个快中子发射出来的那一瞬间，到它最终被吸收的那一瞬间的整个经历。

与此同时，另一个是要确定中子被天然铀发射出来以后，当一个热中子被铀吸收一个后还剩下来的中子数。既然相当一部分被铀吸收的热中子是被 ^{238}U 俘获，并且不会引起核分裂，因此这个剩余量就被证明很小，十分关键的是，这就尽可能地避免了寄生（parasitic losses），并由此以一个正盈余结束，而这又使得链式反应成为可能。一个简单妙诀就是允许在中子正在降低速度时，大大减少寄生损失的发生。不把铀放在均匀的石墨当中，更好的方法是把铀制成块状，再按照某种适当的晶格位形（lattice configuration）放在石墨之中。这种办法使中子在它的速度降低到其能量特别易于寄生时，不大可能碰上铀。

在研究出这种方法的效率时，由于哥伦比亚小组与普林斯顿小组的合作，大大加强了哥伦比亚小组的研究力量。1941 年春季，这些过程详细的数据已足够为我们呈现一个相当清晰的图像，了解各种因素的重要意义，也知道用最好的办法尽量减少不利的因素。

原则上我们可以精确地测量各种能量中子，以及所有与之作用的原子吸收和散射特性，在一个这种过程的数学理论中利用这些结果，就可以精确地预言一个给定系统的行为是否为链式反应。这个方案的实际可行性似乎没有太大的希望。我们现在知道，在石墨－铀系统中使链式反应成为可能的正剩余量，只有百分之几的可能。因为很多因素对吸收和生产中子的最终结果都起了作用，所以十分清楚的是，为了使一个预言成为可能就必须非常精确地知道每一个这样的因素。到 1941 年，测量方法的进展还很难使核性质测量的精确程度达到 10%，因此也不可能给出一个计算的基础，使我们确切地回答天然铀和石墨是否能够进行链式反应。

任何有确定尺寸的系统，总有些电子因扩散而逃出系统的表面。原则上说，由逃逸而损失的中子可以用增加系统尺寸的办法消除。在 1941 年，人们清楚的是可以维持链式反应的中子数平衡，即使是正的，由于它如此之小，要想消除中子逃逸而带来的大部分损失，系统的尺寸必须非常大。为了设计可行的方法，回答下面两个问题是十分紧要的：（1）一个按给定晶格将铀块分布在整个石墨中的系统，其尺寸是不是无限地大；（2）假定前一个问题的答案是有确定的尺寸，那么达到链式反应所需的最小尺寸是多大？这最小尺寸通常称为反应堆的临界尺寸。如前所说，既然由测量值详细计算常数的方法不可靠，所以我们必须设计另外的方法，以便由它更直接地得到所需要的答案。

有一个蠢办法可以达到这个目的，那就是按给定结构建筑一个系统，然后不断扩大这个系统，直到链式反应开始发生，或者即使把系统做得非常巨大却仍然不发生链式反应。这个办法显然会耗费巨量的材料和劳动。幸运的是，在研究中利用相对较小的结构样品，对上述两个问题可能得到相当准确的答案。第一个这种类型的实验，在 1941 年夏秋在哥伦比亚大学开始。该实验建立了一个晶格般的框架结构，使一些装有铀的氧化物的金属罐子，分布在 30 吨石墨之中。最初的中子源插入这些物质的底部，对中子在整个物质的分布作了详尽的研究，并将它与理论的预期作比较。

第一次实验的结果让人有些沮丧，因为它告诉我们，这样结构的一个系统即使尺寸做得无限大，中子仍然是负平衡，更精确一点说，每一代中子要损失 13%。尽管结果是否定的，但我们并没有因此而放弃希望。的确，对第一个结构作了很大的改进之后，可以期望百分比降低。

1942 年早期，研究产生链式反应的小组与芝加哥大学的冶金实验合并，由康普顿任总领导。1942 年，在改进第一个实验结果的努力中，在芝加哥做了 20 个或 30 个指数实验。两个不同类型的改进提醒了我们。第一个是，对晶格的尺寸有了更好的判断，另一个是使用更好的材料。在铀和石墨中清除杂质，使其达到很高的纯度，在铀和石墨中的一般杂质会引起寄生吸收，这一吸收要为中子的损失负相当一部分的责任。这个问题的解决，使组织大规模的、纯度达到前所未有的石墨和铀的生产（以吨计）成为可能。同时，也开始积极关注金属铀的生产。到 1941 年为止，铀金属仅仅生产很小的数量，而且其纯度常常出现问题。生产的大部分铀金属都是极易自燃的粉末形式，它们在很多情形下与空气一接触就自动燃烧。这些自燃的特性仅仅是在把这些粉烧结成致密块状时才有所减少。这些烧结的块状有些用于指数实验中，以获得有关含有金属铀的系统的特性；在实验进行过程中，块状铀迅速燃烧，使我们触摸时感到烫手，于是我们担心在我们实验完成之前它们已经燃烧殆尽。

到 1942 年秋天，材料的生产情况逐渐得到改善。经过冶金实验室成员和几个工业公司的联合努力，生产的石墨越来越好。已经可以工业生产几乎全纯的铀的氧化物，而且少量成型的铀金属也生产出来了。指数实验的结果相应得到改进，由此得到的结果表明，利用这些比较好的材料可以建成链式反应的装置。

第一个链式反应装置的实际兴建开始于 1942 年 10 月。它计划建成一个巨大球形晶格结构，由木架支撑。这个球形物建在芝加哥大学校园的网球场上。由于我们对计划中的尺寸是否足够大还有一些疑惑，所以这个球形物建在外面罩一个巨大的由纤维材料制成的气球里，在需要时可抽出封闭气球内的空气，以避免大气中氮的寄生吸收。这种过分的小心后来被证明是不必要的。

用了一个月多一点的时间，这个设置就建好了。一大群物理学家，其中有津恩（W. H. Zinn）、安德森（H. L. Anderson）和威尔逊（V. C. Wilson），加入了建造行列。这时，链式反应的条件的研究就日复一日地开始了，主要是测量反应堆里中子密度的增强。有些中子在铀中极小量地自动产生。当系统达到临界尺寸时，这些中子的每一个在最终被吸收之前，在几代的时间里积累起来，数量增多。当反应堆的再生产因子，比如说，达到99%，平均在100代中积累起来一个中子。结果，当接近临界尺寸时，中子的密度在整个系统中不断增加，而在到临界尺寸时中子又开始逸出。利用观察中子密度上升，我们可以获得一种可靠的方法导出临界尺寸。

在将要达到系统原计划的临界尺寸之前，系统内部中子密度的测量指出，将很快达到临界尺寸。为了避免由于疏忽大意而在没有注意时达到临界尺寸，反应堆的狭槽里插入长长的镉棒。镉是一种吸收中子最强烈的金属，当这些镉棒插入反应堆里的时候，它们吸收中子强烈可以使人们确信这时链式反应不可能发生。每天早晨，镉棒慢慢地、一个接一个地从反应堆里抽出来，从测量出的中子密度就可以估计我们离临界条件还有多远。

1942年12月2日早晨，一切数据表明反应堆已经非常接近临界条件了，系统没有发生临界反应仅仅是因为镉棒的吸收。全部镉棒抽出来了，只剩下一条镉棒还在小心地往外抽；后来，最后一条镉棒也逐渐抽出来了，大家心情紧张地望着镉棒和各种仪表。测量表明，只要把最后一条镉棒向外抽 2.4 m，系统就可以到达临界状态。事实上，当镉棒抽出 2.1 m 的时候，中子密度升到很高的一个值，但过了几分钟以后又稳定在一个固定水平上。当命令再向外抽 0.5 m 的时候，下达命令的人心情相当紧张，还夹杂着一丝惊恐。这样，镉棒都抽出来了，中子密度开始缓慢增加，但有一个增加的比率，一直增加到明显有中子逃逸。然后，将镉棒再插入反应堆里，中子密度迅速降低到看不出来的水平上。

这种模式的链式装置被证明十分容易控制。其反应的强度可以非常准确地调节到任何所希望的水平上。所有的操作人员要做的事就是观察指示反应强度的仪器和移动镉棒，强度有上升趋势时把棒插入，强度有下降趋势时就把棒抽出。操纵一个反应堆非常容易，就像驾驶卡车沿一条笔直的路上行驶一样容易，当卡车向左或右偏移时，你只需操纵方向盘就行了。只需几个小时的练习，就可以容易地将反应强度保持在 1% 这样一个很低的恒定水平上。

第一个反应堆没有建造将反应堆产生的热散开的装置，也没有提供任何防护装置以吸收核裂变产生的辐射。由于这些原因，这个反应堆只能在很低的功率状态下（不超过 200 W）运转。但这个反应堆证明了两点：一是由石墨和铀构成的系统可以产生链式反应；二是这种反应很容易控制。

　　把上述研究转化为工业应用，还需要在科学和工程上做巨大的改进，还需要新的技术。通过冶金计划全体人员和杜邦公司的联合努力，仅仅用了距首次反应堆实验性运转不到两年时间，一个基本上根据相同原理建造的大工厂投入了生产，它是杜邦公司在汉福德建造的，可以产生巨大的能量和相对来说大量的新元素钚。

　　选自《费米讲演录》，[美]费米著，杨建邺译，北京大学出版社，2016年。

量子论的哥本哈根解释

海森堡　|

| 导读 |

海森堡（Werner Heisenberg, 1901—1976）1901 年 12 月 5 日生于德国维尔茨堡（Würzburg），1920 年进慕尼黑大学攻读物理学，师从索末菲、维恩等著名物理学家。1922 年到 1923 年底海森堡到哥廷根大学，在玻恩、夫兰克和希尔伯特指导下攻读物理学。1923 年获得慕尼黑大学博士学位。接着到哥廷根大学做玻恩助手，第二年获得在该校授课资格。1924 到 1925 年受洛克菲勒基金会资助在哥本哈根与玻尔一起工作，1926 年被任命为哥本哈根大学物理学讲师，1927 年被任命为莱比锡大学理论物理学教授。1929 年到美国、日本和印度讲学，1941 年被任命为柏林大学物理学教授和威廉皇家物理研究所所长。二战结束时被美军俘虏送至英国。1946 年回德国重整哥廷根大学物理研究

所，1948年该所改名马克斯·普朗克物理研究所。1955年海森堡筹划将马克斯·普朗克物理研究所迁往慕尼黑，其本人作为研究所所长一同迁居慕尼黑。1958年受聘为慕尼黑大学物理学教授，马克斯·普朗克物理研究所改名为马克斯·普朗克物理及天体物理研究所。

海森堡在玻恩指导下从事氢原子谱线强度的研究。在研究中他意识到，我们不能总是能够确定某时刻电子在空间的位置，也不能在它的轨道上跟踪它，因此不能认为玻尔假设的类行星轨道真的存在。力学量，如位置、速度等，不应该用普通的数来表示，而要用叫作"矩阵"的数学体系表示。海森堡正是按照矩阵方程建立了他的新理论，1925年写成了奠定量子力学基础的《关于运动学和力学关系的量子论》一文，时年23岁。后来玻恩和约尔丹将海森堡的量子力学发展成为矩阵力学。

海森堡本人以及他人用他的量子力学研究了原子和分子的光谱特性，得到的结果与实验一致。海森堡用他的理论去处理两个相同原子所组成的分子时，发现氢分子应当以两种不同的方式存在，这两种方式彼此有确定的比例，这就是氢的同素异形体的理论预言，后来被实验证实。

1927年，海森堡从量子力学的数学形式中得出了著名的测不准原理，该原理揭示：要确定运动粒子的位置和动量时必定有不确定度，两种不确定度的乘积不小于普朗克常数除以 2π。测不准原理和玻恩的波函数概率解释一起，奠定了量子力学诠释的物理学基础。1929年，海森堡又与泡利一起为量子场论打下基础。

1932 年，因在建立量子力学中作出的重大贡献，他获得该年度的诺贝尔物理学奖。

本书选取的《量子论的哥本哈根解释》选自海森堡著的《物理学和哲学》第三章，在该文中海森堡阐述了物理现象的量子力学解释与经典解释的差异，指出观测者本身在观测中有不可忽略的影响。因此本文也可以看作测不准原理提出者本人对该原理的详细注释。

量子论的哥本哈根解释是从一个佯谬出发的。物理学中的任何实验，不管它是关于日常生活现象的，或是有关原子事件的，都是用经典物理学的术语来描述的。经典物理学的概念构成了我们描述实验装置和陈述实验结果的语言。我们不能也不应当用任何其他东西来代替这些概念。然而，这些概念的应用受到测不准关系的限制。当使用这些概念时，我们必须在心中牢记经典概念的这个有限的适用范围，但我们不能够也不应当企图去改进这些概念。

为了更好地了解这个佯谬，比较一下在经典物理学和量子论中对一个实验进行理论解释的程序是有用的。譬如，在牛顿力学中，我们要研究行星的运动，可以从测量它的位置和速度开始。只要通过观测推算出行星的一系列坐标值和动量值，就可以将观测结果翻译成数学。此后，运动方程就用来从已定时间的这些坐标和动量值推导出晚些时候系统的坐标值或任何其他性质，这样，

海森堡正在给学生上课

天文学家就能够预言系统在晚些时候的性质。例如，他能够预言月食的准确时间。

在量子论中，程序稍有不同。例如，我们可能对云室中一个电子的运动感兴趣，并且能用某种观测决定电子的初始位置和速度。但是这个测定将不是准确的；它至少包含由于测不准关系而引起的不准确度，或许还会由于实验的困难包含更大的误差。首先正是由于这些不准确度，才容许我们将观测结果翻译成量子论的教学方案。写出的概率函数是代表进行测量时的实验状况的，其中甚至包含了测量的可能误差。

这种概率函数代表两种东西的混合物，一部分是事实，而另一部分是我们对事实的知识。就它选定初始时间的初始状况的概率为 1（即完全确定）这一点说，它代表了事实：电子在被观测到的位置以被观测到的速度运动；"被观测到"意指在实验的准确度范围内被观测到。而就另一个观测者或许能够更准确地知道电子的位置这一点说，它则代表我们的知识。实验的误差并不（至少在某种程度上）代表电子的性质，而表示了我们对电子的知识的缺陷。这种知识的缺陷也是由概率函数表示的。

在经典物理学中，当在进行精细的研究时，人们同样应当考虑到观测的误差。结果，人们就得到关于坐标和速度的初始值的概率分布，因此也就得到很类似于量子力学中的概率函数的某种东西。只是量子力学中由于测不准关系而必有的测不准性，在经典物理学中是没有的。

当量子论中的概率函数已在初始时间通过观测决定了以后，人们就能够从量子

量子力学中的测不准性跟经典物理学中的测量误差是不同的概念。

127

论定律计算出以后任何时间的概率函数，并能由此决定一次测量给出受测量的某一特殊值的概率。例如，我们能预测以后某一时间在云室中某一给定点发现电子的概率。应当强调指出，无论如何，概率函数本身并不代表事件在时间过程中的经过。它只代表一些事件的倾向和我们对这些事件的知识。只有当满足一个主要条件时：例如作了决定系统的某种性质的新测量时，概率函数才能和实在联系起来。只有那时，概率函数才容许我们计算新测量的可能结果。而测量结果还是用经典物理学的术语叙述的。

由此可见，对一个实验进行理论解释需要有三个明显的步骤：（1）将初始实验状况转达成一个概率函数；（2）在时间过程中追踪这个概率函数；（3）关于对系统所作新测量的陈述，测量结果可以从概率函数推算出来。对于第一个步骤，满足测不准关系是一个必要的条件。第二步骤不能用经典概念的术语描述：这里没有关于初始观测和第二次测量之间系统所发生的事情的描述。只有到第三个步骤，我们才又从"可能"转变到"现实"。

让我们用个简单的理想实验来演示这样三个步骤。前面已经说过，原子是由一个原子核和环绕原子核运动的电子所组成；前面也已论述过，电子轨道的概念是可疑的。人们或许会主张，至少原则上应当能够观察到轨道中的电子。人们可以简单地通过一个分辨本领非常高的显微镜来观看原子，这样就应该能看到在轨道中运动的电子。当然，使用普通光的显微镜是不能达到这样高的分辨本领的，因为位置测量的不准确度决不能小于光的波长。

但是一个用波长小于原子大小的 γ 射线的显微镜将能做到这一点。这样的显微镜尚未被制造出来，但这不应当妨碍我们讨论这个理想实验。

第一个步骤，即将观测结果转达成一个概率函数，是可能做到的吗？只有在观测后满足测不准关系时，这才是可能的。电子的位置可以观测得这样准确，其准确度随 γ 射线的波长而定。在观测前电子可以说实际上是静止的。但是在观测作用过程中，至少有一个 γ 射线的光量子必须通过显微镜，并且必须首先被电子所偏转。因此，电子也被光量子所撞击，这就改变了它的动量和速度。人们能够证明，这种变化的测不准性正好大到足以保证测不准关系的成立。因此，关于第一个步骤，没有丝毫困难。

同时，人们能够很容易理解没有观测电子环绕原子核的轨道的方法。第二个步骤在于显示一个不绕原子核运动而是离开原子的波包，因为第一个光量子已将电子从原子中打出。如果 γ 射线的波长远小于原子的大小，γ 射线的光量子的动量将远大于电子的原始动量。因此，第一个光量子足以从原子中打出电子，并且人们决不能观测到电子轨道中另外的点；因此，也就没有通常意义的轨道了。下一次观测——第三个步骤——将显示电子离开原子的路线。两次相继观测之间所发生的事情，一般是完全无法描述的。当然，人们总想这样说：在两次观测之间，电子必定要处在某些地方，因而必定也描绘出某种路线或轨道，即使不可能知道是怎样一条路线。这在经典物理学中是一个合理的推论。但是，在量子论中，我们将在后面看出，这是语言的不合理的误用。我们可以暂时不去管这个警告究竟是指我们谈论原子事件的方法还是指原子事件本身，究竟它所涉及的是认识论还是本体论。但在任何情况下，我们对原子粒子的行为作任何陈述时，措辞都必须非常小心。

实际上我们完全不需要说什么粒子。对于许多实验，说物质波却更为便利；譬如，说环绕原子核的驻立物质波就更为便利。但是，如果不注意测不准关系所给出的限制，这样一种描述将和另一种描述直接矛盾。通过这些限制，矛盾就避免了。使用"物质波"是便利的，举例说，处理原子发射的辐射时就是这样。辐射以它的频率和强度提供了原子中振荡着的电荷分布的信息，因而波动图像比粒子图像更接近于真理。因此，玻尔提倡两种图像一并利用，他称它们是"互补"的。这两种图像当然是相互排斥的，因为一个东西不能同时是一个粒子（即限制在很小体积内的实体）又是一个波（即扩展到一个大空间的场），但二者互相补充。摆弄这两种图像，从一种图像转到另一种图像，然后又从另一种图像转回到原来的图像，我们最终得到了隐藏在我们的原子实验后面的奇怪的实在的正确印象。玻尔在量子论解释的好几个地方使用了"互补性"概念。关于粒子位置的知识是和关于它的速度或动量的知识互补的。如果我们以高度的准确性知道了其中一个，我们就不能以高度的准确性知道另一个；但为了决定系统的行为，我们仍须两个都知道。原子事件的空间时间描述是和它们的决定论描述互补的。概率函数服从一个运动方程，就像坐标在牛顿力学中那样；它随时间的变化是被量子力学方程完全决定了的，但它不容许对原子事件在空间和时间中进行描述。另一方面，观测要求在空间和时间中对系统进行描述，但是，由于观测改变了我们对系统的知识，它也就破坏了概率函数的已定的连续性。

一般地讲，关于同一实在的两种不同描述之间的二象性已不再是一个困难了，因为我们已经从量子论的数学形式系统得知，矛盾是不能产生的。两种互补图像——波和粒子——间的二象性也很清楚地表现在数学方案的灵活性中。数学形式系统通常是仿照牛顿力学中关于粒子的坐标和动量的运动方程写出的。但通过简单的变换，就能把它改写成类似于关于普通三维物质波的波动方程。因此，摆弄不同的互补图像的这种可能性类似于数学方案的不同变换；它并不给量子论的哥本哈根解释带来任何困难。

然而，当人们提出了这样一个著名的

在微观领域，观测者进行观测这一活动对被观测者的干扰变得不可忽略了，所以说"观测改变了我们对系统的知识"。

问题："但是在原子事件中'真正'发生了什么呢？"这时，了解这种解释的真正困难就产生了。前面说过，一次观测的机构和结果总是能用经典概念的术语来陈述的。但是，人们从一次观测推导出来的是一个概率函数，它是把关于可能性（或倾向）的陈述和关于我们对事实的知识的陈述结合起来的一种数学表示式。所以我们不能够将一次观测结果完全客观化，我们不能描述这一次和下一次观测间"发生"的事情。这看来就像我们已把一个主观论因素引入了这个理论，就像我们想说：所发生的事情依赖于我们观测它的方法，或者依赖于我们观测它这个事实。在讨论这个主观论的问题之前，必须完全解释清楚，为什么当一个人试图描述两次相继进行的观测之间所发生的事情时，他会陷入毫无希望的困难。

为此目的，讨论下述理想实验是有好处的，我们仅沿一个小单色光源向一个带有两个小孔的黑屏辐射。孔的直径不可以比光的波长大得太多，但它们之间的距离远远大于光的波长。在屏后某个距离有一张照相底片记录了入射光。如果人们用波动图像描述这个实验，人们就会说，初始波穿过两个孔；将有次级球面波从小孔出发并互相干涉，而干涉将在照相底片上产生一个强度有变化的图样。

照相底片的变黑是一个量子过程，化学反应是由单个光量子所引起的。因此，用光量子来描述实验必定也是可能的。如果容许讨论单个光量子在它从光源发射和被照相底片吸收之间所发生的事情的话，人们就可以作出如下的推论：单个光量子能够通过第一个小孔或通过第二个小孔。如果它通过第一个小孔并在那里被散射，它在照相底片某点上被吸收的概率就不依赖于第二个孔是关着或开着。底片上的概率分布就应当同只有第一个孔开着的情况一样。如果实验重复多次，把光量子穿过第一个小孔的全部情况集中起来，底片由于这些情况而变黑的部分将对应于这个概率分布。如果只考虑通过第二个小孔的那些光量子，变黑部分将对应于从只有第二个小孔是开着的假设推导出来的概率函数。因此，整个变黑部分将正好是两种情况下变黑部分的总和；换句话说，不应该有干涉图样。但是我们知道，这是不正确的，因为这个实验必定会出现干涉图样。由此可见，说任一光量子如不通过第一个小孔就必定通过第二个小孔，这种说法是有问题的，并且会导致矛盾。这个例子清楚地表明，概率函数的概念不容许描述两次观测之间所发生的事情。任何寻求这样一种描述的企图都将导

科学历史剧《哥本哈根》以第二次世界大战期间，海森堡和玻尔对话，引出了现代科学史上著名的 1941 年"哥本哈根会见之谜"。他们谈了些什么？是否与原子弹有关？没有人知道。这个至今没有揭开的谜，对于二战期间原子弹的研制与付诸实战、今天世界所面临的核威胁、未来科学与人类生存等都产生了深远影响。

致矛盾；这必定意味着"发生"一词仅限于观测。

这确是一个非常奇怪的结果，因为它们似乎表明，观测在事件中起着决定性作用，并且实在因为我们是否观测它而有所不同。为了更清楚地表明这一点，我们必须更仔细地分析观测过程。

首先，记住这一点是重要的：在自然科学中，我们并不对包括我们自己在内的整个宇宙感兴趣，我们只注意宇宙的某一部分，并将它作为我们研究的对象。在原子物理学中，这一部分通常是一个很小的对象，一个原子粒子或是一群这样的粒子，有时也可能要大得多——大小是无关紧要的；但是，重要的是，包括我们在内的大部分宇宙并不属于这个对象。

现在，从已经讨论过的两个步骤开始对实验作理论的解释。第一步，我们必须用经典物理学的术语来描述最后要和第一次观测相结合的实验装置，并将这种描述转译成概率函数。这个概率函数服从量子论的定律，并且它在连续的时间过程中的变化能从初始条件计算出来；这是第二步。概率函数结合了客观与主观的因素。它包含了关于可能性或较大的倾向（亚里士多德哲学中的"潜能"）的陈述，而这些陈述是完全客观的，它们并不依赖于任何观测者；同时，它也包含了关于我们对系统的知识的陈述；这当然是主观的，因为它们对不同的观测者就可能有所不同。在理想的情形中，概率函数中的主观因素当与客观因素相比较时，实际上可以被忽略掉。这时，物理学家就称它为"纯粹情态"。

现在，当我们作第二次观测时，它的结果应当从理论预言出来；认识到这一点是十分重要的，即我们的研究对象在观测前或至少在观测的一瞬间必须和世界的另一部分相接触，这世界的另一部分就是实验装置、量尺，等等。这表示概率函数的运动方程现在包含了与测量仪器的相互作用的影响。这种影响引入一种新的测不准的因素，因为测量仪器是必须用经典物理学的术语描述的；这样一种描述包含了有关仪器的微观结构的测不准性，这是我们从热力学认识到的；然而，因为仪器又和世界的其余部分相联系，它事实上还包含了整个世界的微观结构的测不准性。从这些测不准性仅仅是用经典物理学术语描述的后果而并不依赖于任何观察者这一点说，它们可以称为客观的。而从这些测不准性涉及我们对于世界的不完全的知识这一点说，它们又可以称为主观的。

在发生了这种相互作用之后，概率函数包含了倾向这一客观因素和知识的不完整性这一主观因素，即令它以前曾经是一个"纯粹情态"，也还是如此。正是由于这个原因，观测结果一般不能准确地预料到 Z，能够预料的只是得到某种观察结果的概率，而关于这种概率的陈述能够以重复多次的实验来加以验证。概率函数不描述一个确定事件（即不像牛顿力学中那种正常的处理方法），而是种种可能事件的整个系综，至少在观测的过程中是如此。

观测本身不连续地改变了概率函数 Z，它从所有可能的事件中选出了实际发生的事件。因为通过观测，我们对系统的知识已经不连续地改变了，它的数学表示也经受了不连续的变化，我们称之为"量子跳变"。当一句古老的谚语"自然不作突变"被用来作为批评量子论的根据时，我们可以回答说：我们的知识无疑是能够突然地变化的，而这个事实证明使用"量子跳变"这个术语是正确的。

因此，在观测作用过程中，发生了从"可能"到"现实"的转变。如果我们想描述一个原子事件中发生了什么，我们必须认识到，"发生"一词只能应用于观测，而不能应用于两次观测之间的事态。它只适用于观测的物理行为，而不适用于观测的心理行为，而我们可以说，只有当对象与测量仪器从而也与世界的其余部分发生了相互作用时，从"可能"到"现实"的转变才会发生；它与观测者用心智来记录结果的行为是没有联系的。然而，概率函数中的不连续变化是与记录的行为一同发生的，因为正是在记录的一瞬间，我们知识的不连续变化在概率函数的不连续变化中有了它的映象。

那么，我们对世界，特别是原子世界的客观描述最终能达到什么样的程度呢？在经典物理学中，科学是从信仰开始的——或者人们应该说是从幻想开始的？——这就是相信我们能够描述世界，或者至少能够描述世界的某些部分，而丝毫不用牵涉到我们自己。这在很大程度上是实际可能做到的。我们知道伦敦这个城市存在着，不管我们看到它与否。可以说，经典物理学正是那种理想化情形，在这种理想化情形中我们能够谈论世界的某些部分，而丝毫不涉及我们自己。它的成功把对世界的客观描述引导到普遍的理想化。客观性变成评定任何科学结果的价值时的首要标准。量子论的哥本哈根解释仍然同意这种理想化吗？人们或许会说，量子论是尽可能地与这种理想化相一致的。的确，量子论并不包含真正的主观特征，它并不引进物理学家的精神作为原子事件的一部分。但是，量子论的出发点是将世界区分为"研究对象"和世界的其余部分，此外，它还从这样一个事实出发，这就是至少对于世界的其余部分，我们在我们的描述中使用的是经典概念。这种区分是任意的，并且从历史上看来，是我们的科学方法的直接后果；而经典概念的应用终究是一般人类思想方法的后果。但这已涉及我们自己，这样，我们的描述就不是完全客观的了。

在开始时已说过，量子论的哥本哈根解释是从一个佯谬开始的。它从我们用经典物理学术语描述我们的实验这样一个事实出发，同时又从这些概念并不准确地适应自然这样一个认识出发。这样两个出发

"在经典物理学中，科学是从信仰开始的"这句话并不是要动摇经典物理规律的客观性，而是指人们进行科学研究所持有的态度。

点间的对立关系，是量子论的统计特性的根源。因此，不时有人建议，应当统统摒弃经典概念，并且由于用来描述实验的概念的根本变化，或许可能使人们回到对自然界作非静态的、完全客观的描述。

然而，这个建议是立足于一种误解之上的。经典物理学概念正是日常生活概念的提炼，并且是构成全部自然科学的基础的语言中的一个主要部分。在科学中，我们的实际状况正是这样的，我们确实使用了经典概念来描述实验，而量子论的问题是在这种基础上来找出实验的理论解释。讨论假如我们不是现在这样的人，我们能做些什么这样的问题，是没有用处的。在这一点上，我们必须认识到，正如冯·威扎克尔（von Webzsacker）所指出的，"自然比人类更早，而人类比自然科学更早"。这两句话的前一句证明了经典物理学是具有完全客观性的典型。后一句告诉我们，为什么不能避免量子论的佯谬，即指出了使用经典概念的必要性。

我们必须在原子事件的量子理论解释中给实际程序加上若干注释。已经说过，我们的出发点总是把世界区分为我们将进行研究的对象和世界的其余部分，并且这种区分在某种程度上是任意的。举例说吧，如果我们将测量仪器的某些部分或是整个仪器加到对象上去，并对这个重复杂的对象应用量子论定律，在最终结果上确实不应有任何差别。能够证明，理论处理方法这样的一种改变不会改变对已定实验的预测。在数学上这是由于这样一个事实，就是对于能把普朗克常数看作是极小的量的那些现象，量子

玻尔和海森堡

论的定律近似地等价于经典定律。但如果相信将量子理论定律对测量仪器这样应用时，能够帮助我们避免量子论中的基本佯谬，那就错了。

　　只有当测量仪器与世界的其余部分密切接触时，只有当在仪器和观测者之间有相互作用时，测量仪器才是名副其实的。因此，就像在第一种解释中一样，这里关于世界的微观行为的测不准性也将进入量子理论系统。如果测量仪器与世界的其余部分隔离开来，它就既不是一个测量仪器，也根本不能用经典物理学的术语来描述了。

　　关于这种状况，玻尔曾强调指出，对象和世界其余部分的区分不是任意的这种讲法是更为现实些。在原子物理学中，我们的研究工作的实际状况通常是这样的：我们希望了解某种现象，我们希望认识这些现象是如何从一些普遍的自然规律中推导出来的。由此可见，参与现象的一部分物质或辐射是理论处理中的当然的"对象"，并且在这方面，它们应当和用来研究现象的工具分离开来。这又使得原子事件描述中的主观因素突出出来，因为测量仪器是由观测者创造出来的，而我们必须记得，我们所观测的不是自然的本身，而是由我们用来探索问题的方法所揭示的自然。在物理学中，我们的科学工作在于用我们所掌握的语言来提出有关自然的问题，并且试图从我们随意部署的实验中得到答案。正如玻尔所表明的，这样，量子论就使我们想起一句古老的格言：当寻找生活中的和谐时，人们决不应当忘记，在生活的戏剧中，我们自己既是演员，又是观众。可以理解，在我们与自然的科学关系中，当我们必须处理只有用最精巧的工具才能深入进去的那部分自然时，我们本身的活动就变得很重要了。

选自《物理学和哲学：现代科学中的革命》，[德]海森堡著，
范岱年译，商务印书馆，1981 年。

脱氧核糖核酸结构的遗传学意义①

沃森和克里克

| 导读 |

　　沃森（James Watson，1928— ）出生
于美国芝加哥，15 岁进芝加哥大学学习，
1947 年毕业，1950 年获印第安纳大学博
士学位，原本想研究鸟类学，后转向生物
学和遗传学。在哥本哈根大学待了一年之
后，沃森于 1951 年到了剑桥大学，与克
里克一起研究 DNA 的结构。他设想出一
个 DNA 的模型，像搭积木一样，内部为
碱基，外面为主链，形成一条双螺旋。这
个结构与别的科学家测得的关于 DNA 的
物理数据和化学数据完全吻合。1953 年 4
月 25 日《自然》发表了他与克里克合著的
仅一页长度的论文《核酸的分子结构——
脱氧核糖核酸的结构》。1962 年他与克里
克、威尔金斯分享了该年度的诺贝尔生理

---

① 译自 *Nature*，May 30，1953，PP 964—967。

学或医学奖。

　　克里克（Francis Crick，1916— ）出生于英国北安普顿郡，曾在伦敦的大学学院学习物理。1937 年获得科学学士学位，二战期间从事雷达研究和地雷的开发工作，1953 年获剑桥大学博士学位。也是在该年，他与沃森合作发现了 DNA 的双螺旋结构。

　　沃森和克里克的这一发现，使得分子生物学成为人类认识生命规律的重要方法。人们把这一发现和因此而产生的生物学重大成就，称为"生物学的革命"。这一发现对人类和社会产生的巨大影响，可以说现在还只是初露端倪。有人展望，我们所处的这个世纪将是分子生物学的世纪。

　　活细胞中脱氧核糖核酸（DNA）的重要性是无可争议的。在一切分裂着的细胞中，DNA 如果不是全部，至少也是大部分存在于细胞核内。DNA 是染色体的主要组成成分。很多证据都说明它是染色体一部分（如果不是全部）遗传性状的携带者，也可以说它本身就是基因。但是，至今尚无证据能够说明遗传物质究竟是怎样进行精确自我复制的。

　　最近，我们提出了一个脱氧核糖核酸盐的结构模型。[①] 这个模型如果正确的话，就直接解释了遗传物质自我复制的机制。与我们的前文同时发表的伦敦英王学院学者们的 X 射线

---

① Watson，J. D.，and Crick，F. H. C.，*Nature*，171，737（1953）.

资料，[①] 定性地支持我们的结构模型而与以前提出的所有结构模型都是矛盾的。[②] 虽然这一结构模型尚需更多的 X 射线资料加以证实，我们充满信心地认为，它一般地说是正确的，因此现在就讨论论它的遗传学意义是适时的。为此，我们假定脱氧核糖核酸盐的纤维并非是由于制备方法而产生的矫作物。威尔金斯及其同事们曾经指出，由分离出的 DNA 纤维和某些完整的生物材料，如精子头部的噬菌体颗粒等，同样都可以得到类似的 X 射线图谱。[③]

脱氧核糖核酸的化学结构现在已经完全确立了。如图所示，它是一个很长的分子，以有规律地交替出现的糖和磷酸构成

DNA

碱基 — 糖
　　　　　磷酸
碱基 — 糖
　　　　　磷酸
碱基 — 糖
　　　　　磷酸
碱基 — 糖
　　　　　磷酸
碱基 — 糖
　　　　　磷酸
　　　　　磷酸

一条脱氧核糖核酸链的化学式

---

① Wilkins, M.H.F., Stokes, A.R., and Wilson, H.R., *Nature*, 171, 738（1953），*Franklin*, R.E., and Gosling, R.G., *Nature*, 171, 740（1953）.

② （a）Astbury, W.T. *Symp. Soc. Exp. Biol*, No.1, 66（1947）.
　（b）Furberg, S., *Acta. Chem. Scand.*, 6, 634（1952）.
　（c）Pauling, L., and Corey, R.B., *Nature*, 171, 346（1953）. *Proc. Nat. Acai. Sci. U.S.*, 39, 84（1953）.
　（d）Fraser, R.D.B.,（in preparation）.

③ Wilkins, M.H.F., and Randall, J.T., *Biochim. Biopiys. Acta*, 10, 192（1953）.

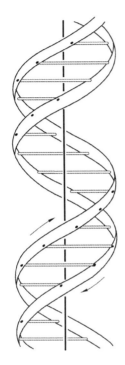

DNA 结构示意图。两条带表示糖和磷酸骨架，平行棒代表碱基对。碱基对把两条链维系在一起。垂直线表示纤维轴

其骨架，每一个糖联结一个含氮碱基，而碱基又有四种不同的类型（我们认为 5-羟甲基胞嘧啶与胞嘧啶相同，因为两者在 DNA 结构中皆能很好地参与碱基配对）。两种可能出现的碱基——腺嘌呤和鸟嘌呤为嘌呤；另外两种——胸腺嘧啶和胞嘧啶为嘧啶。迄今所知，多核苷酸链中碱基顺序是无规律的。由磷酸、糖和碱基构成的单体称核苷酸。

我们这个具有生物学意义的结构模型的第一个特点，在于它不是由一条而是由两条（多核苷酸）链所构成。这两条链皆绕一个共同的纤维轴旋转，如图所示。一般认为 DNA 仅有一种化学结构形式，因此螺旋结构中应只有一条链。但是，X 射线所得密度图强有力地证明螺旋结构中有两条链。

另一个有生物学重要意义的特点是这两条链维系在一起的方式。这种方式表现为碱基间形成的氢键，如下页图所示。碱基以配对方式联结在一起，即一条链上一个碱基与另一条链上一个碱基通

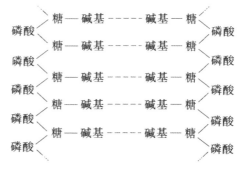

一对脱氧核糖核酸链的化学式。氢键用虚线表示之

过氢键联结在一起。关键问题在于螺旋结构中仅能形成某些专一的碱基对。为了维系两条链，碱基对中一个碱基是嘌呤，另一个则必定是嘧啶。否则，如果一个碱基对包含两个嘌呤，两条链之间则容纳不下。

我们相信，碱基几乎完全以常见的互变异构形式存在。果真如此的话，形成氢键的条件则是非常严格的。仅能形成的碱基对为：

腺嘌呤与胸腺嘧啶

鸟嘌呤与胞嘧啶

碱基间形成氢键的方式如下页两图所示。碱基对能以两种方式形成。例如，两条链上都可能出现腺嘌呤。但是，一条链上出现腺嘌呤，则另一条链上和它配对的碱基必是胸腺嘧啶。反之亦然。

腺嘌呤　　胸腺嘧啶

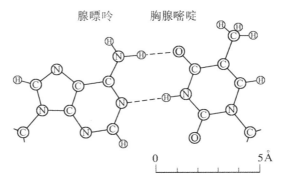

腺嘌呤与胸腺嘧啶碱基对。虚线表示氢键。糖的碳原子只画出一个

鸟嘌呤　　胞嘧啶

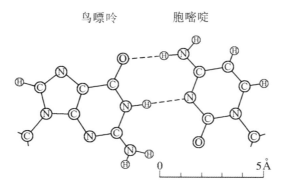

鸟嘌呤与胞嘧啶碱基对。虚线表示氢键。糖的碳原子只画出一个

最近的分析结果指出,[①] 在测定过的各种来源的 DNA 样品中,腺嘌呤的数量接近胸腺嘧啶的数量,鸟嘌呤的数量接近胞嘧啶数量。但是,腺嘌呤与鸟嘌呤的比值则因来源不同而不同。这些分析结果强有力地支持碱基配对法则。事实上,多核苷酸链的碱基顺序如果是无规律的话,除了求助于我们的碱基配对法则外,要解释这些分析结果是很困难的。

我们的结构模型中磷酸和糖的骨架是完全规则的。而在这种结构中任意碱基对顺序都是合适的。这一模型说明,在一个很长的分子中,碱基顺序可以有很多不同的交换排列的形式。因此,这似乎表明严谨的碱基顺序就是携带遗传信息的密码。两条链中如果已知一条链的碱基顺序,根据专一碱基对法则,可以准确无误地写出另一条链的碱基顺序。可见,一条链与另一条链是互补的。正是这一特点表明了脱氧核糖核酸分子是如何自我复制的。

以前讨论自我复制通常要涉及样板或模板这个概念。有人曾经提出过直接自我复制的样板论,也有过由样板产生"副本","副本"反过来作样板再产生初始的"正本"的说法。但是,这两种观点都没有具体解释这一过程是如何在原子和分子水平上进行的。

---

① Chargaff, E., for references see Zamenhof, S., Brawerman, G., and Chargaff, E., *Biochim. Biophys. Acta*, 9, 402 (1952). Wyatt, G.R., *J.Gen Physiol.*, 36, 201 (1952).

现在，我们的脱氧核糖核酸模型实际上是一对样板。这两条样板是彼此互补的。我们假定，在复制之前氢键断裂，两条链解开并彼此分离。然后，每条链都可以作为样板，在其上形成一条新的互补链。这样，我们最后得到了"两对"链，而前此我们仅有"一对"链。而且，在复制过程中，也是严格符合碱基配对规律的。

仔细琢磨一下我们的模型表明，如果一条链（或它的有关部分）呈螺旋结构，复制就很容易进行。我们设想，细胞在其生活的特定阶段中，大量游离核苷酸（严格地讲应是多核苷酸的前体）可以被细胞利用。游离核苷酸的碱基常常通过氢键与链上一个碱基配对。我们现在假定，如果新合成的链可以形成我们设想的这种双链结构，则生成新链的单体聚合化反应才有可能进行。这种观点似乎是讲得通的。除非这些核苷酸是形成我们的结构所必需的，否则，由于位阻效应，它们就不能在原有的链上"结晶"并彼此接近最终联成一条新链。这种聚合化反应是否需要一个专一的酶，或者原有的单股螺旋是否可以有效地起到酶的作用。这些都是尚待进一步研究的问题。

因为我们的模型中两条链是相互缠绕在一起的，要分开它们必须解除这种缠绕。两条链每34埃缠绕一周。因此，一个分子量为一百万的DNA约有150周螺旋。不管染色体具有怎样精细的结构，仍然需要有相当数量的非螺旋部分存在。显微镜观察的结果明确指出，在染色体有丝分裂中出现很多缠绕部分和非缠绕部分。尽管这是"宏观现象"，大概也反映了分子水平上的类似情况。要井井有条地弄明白这些过程是怎样发生的，虽然现在还有困难，我们不认为上述的困难是不可克服的。

在前文，我们提出的结构模型仍然有值得商榷之处。两条多核苷酸链之间的空间可以摆一条多肽链围绕同一螺旋轴旋转（见第 144 页图）。邻位磷原子之间的距离为 7.1 埃，与完全伸展的多肽链一个周期的距离非常接近，这或许有某种意义。我们认为，在精子头部或核蛋白体矫作物之中，多肽链大概占据着这个位置。关于 DNA 已发表的 X 射线图中，出现比较微弱的次级谱线与这种观点粗略地相符合。蛋白质在这里的功能可能是控制 DNA 链是否缠绕，有助于将一条多肽链维持在螺旋构型之中，或者表现其他非专一性的作用。

我们的模型也为其他一些现象提供了可能的解释。例如，自发变异可能是由于一种碱基偶尔以它不常有的互变异构体出现而产生的。另外，在减数分裂中，同源染色体的配对可能也依赖于专一的碱基配对。我们将另外详细讨论这些问题。

现在，我们提出的脱氧核糖核酸复制的一般概念，应该看作是一种推测。即使这种观点是正确的，我们已经说得很清楚，要详细描述遗传复制机理尚需很多新的发现。多核苷酸的前体是什么？什么力量促使两条链解开？蛋白质的确切作用是什么？染色体究竟是一对长的脱氧核糖核酸链，还是它包含由蛋白质联结起来的一束核酸链？

　　尽管这些都是不能肯定的问题，我们觉得我们提出的脱氧核糖核酸结构可能有助于解决一个基本的生物学问题——遗传复制中样板的分子基础。我们提出的假说是，样板是由一条脱氧核糖核酸链组成的碱基图案，而基因包含着这种互补碱基对的样板。

选自《双螺旋——发现 DNA 结构的故事》，[美] 沃森著，
刘望夷等译，科学出版社，1987 年。

草包族科学

费　曼 |

| 导读 |

费曼（Richard P. Feynman, 1918—1988）出生于纽约市布鲁克林区，1942年，从普林斯顿大学取得博士学位。第二次世界大战期间，他曾在美国设于新墨西哥州的罗沙拉摩斯（Los Alamos）实验室工作，参与研发原子弹的曼哈顿计划（Manhattan Project），并是计划中的重要角色。战后先后任教于康奈尔大学和加州理工学院。1965年，因为在量子电动力学领域取得的成就，与朝永振一郎（Sin-Itiro Tomonaga）、施温格（Julian Schwinger）共同分享了该年度的诺贝尔物理学奖。

费曼在基础教育和弘扬科学精神方面也展现出大师级的风范，他的《费曼物理学讲义》堪称经典，他的《物理之美》《别闹了，费曼先生》等普及读物深入浅出、机智幽默地向读者传递了什么叫科学精神、科学应该是什么样子的。

在中古世纪期间，各种疯狂荒谬的想法可谓层出不穷，如犀牛角可以增进性能力，就是其中之一。随后有人发现了过滤想法的方法，试验哪些构想可行、哪些不可行，把不可行者淘汰掉。当然，这个方法逐渐发展成为科学。它一直发展得很好，我们今天已经进入科学时代了。事实上，我们的年代是那么的科学化，有时候甚至会觉得难以想象，以前怎么可能出现过巫医，因为他们所提出的想法全都行不通——至多只有少数的想法是行得通的。

然而直到今天，我还是会碰到很多的人，或迟或早跟我谈到不明飞行物体、占星术，或者是某些神秘主义、扩张意识、各种新型意识、超能力，等等。我因此下了一个结论：这并不是个科学的世界。

大多数人都相信这许许多多的神奇事物，我便决定研究看看原因何在。而我喜爱追寻真理的好奇心，则把我带到困境之中，因为我发现了世上居然有这许多的废话和废物！

首先，我要研究的是各种神秘主义以及神秘经验。我躺在与外界隔绝的水箱内，体验了许多个小时的幻觉，对它有些了解。然后我跑到依沙伦（Esalen），那是这类想法的温床。事先我没想到那里会有那么多怪东西，让我大吃一惊。

依沙伦有好多巨大的温泉浴池，盖在一处离海平面30英尺高的峭壁平台上。我在依沙伦最愉快的经验之一，就是坐在这些浴池里，看着海浪打到下面的岩石上，看着无云的蓝天，以及漂亮女孩静静地出现。

有一次我又坐在浴池里，浴池内原先就有一个漂亮的女孩以及一个好像不认识的家伙。我立刻开始想:"我应该怎样跟她搭讪呢?"

我还在想应该说些什么,那家伙便跟她说:"呃,我在学按摩。你能让我练习吗?"

"当然可以。"她说。他们走出浴池,她躺在附近的按摩台上。

我想:"那句开场白真绝啊!我怎么也想不到可以这样问!"他开始按摩她的大脚指头。"我可以感觉到,"他说,"我感觉到凹下去的地方——那是不是脑下垂体呢?"

我脱口而出:"老兄,你离脑下垂体还远得很呢!"

我也研究过超能力现象,最近的大热门是焦勒(Uri Geller),据说他只要用手指抚摸钥匙,就能使它弯曲。在他的邀请之下,我便跑到他旅馆房间内,看他表现观心术和弯曲钥匙。在观心方面他没一样表演成功,也许没有人能看穿我的心吧?而我的小孩拿着一根钥匙让他摸,什么也没有发生。然后他说他的超能力在水中比较能够施展得开;你们可以想象,我们便跟着他跑到浴室里。水龙头开着,他在水中拼命

费曼的这个描述非常形象和生动,但并不可笑。现实生活中科学样子摆得十足的"草包族"比比皆是。

抚摸那把钥匙，什么都没有发生。于是，我根本无法研究这个现象。

接下来我想，我们还相信些什么？（那时候我想到巫医，想到要研究他们的真伪是多么的容易：你只要注意他们什么也弄不成就行了。）于是我去找些更多人相信的事物，如"我们已经掌握到教学方法"等。目前虽有很多阅读方法和教学方法的提倡及研究，但只要稍为留意，便发现学生的阅读能力一路滑落——至少没怎么上升——尽管我们还在请这些人改善教学方法。这就是一种由巫医开出来的不灵药方了，这早就应该接受检讨，这些人怎么知道提出来的方法是行得通的？

另一个例子是如何对待罪犯，在这方面很显然我们一无进展。那里有一大堆理论，但我们的方法显然对于减少罪行完全没有帮助。

然而，这些事物全都以科学之名出现，我们研究它们。一般民众单靠"普通常识"，恐怕会被这些假科学吓倒。假如有位老师想到一些如何教她小孩阅读的好方法，教育系统却会迫使她改用别的方法——她甚至会受到教育系统的欺骗，以为自己的方法不是好方法。又例如一些坏孩子的父母在管教过孩子之后，终身无法摆脱罪恶感的阴影，只因为专家说："这样管小孩是不对的。"

因此，我们实在应该好好检讨那些行不通的理论，以及检讨那些不是科学的科学。

上面提到的一些教育或心理学上的研究，都是属于我称之为"草包族科学"（cargo cult science）的最佳例子。大战期间在南太平洋有一些土人，看到飞机降落在地面，卸下来一包包的好东西，其中一些是送给他们的。往后他们仍然希望能发生同样的事，于是他们在同样的地点铺飞机跑道，两旁还点上了火，盖了间小茅屋，派人坐在那里，头上绑了两块木头（假装是耳机）、插了根竹子（假装是天线），以为这就等于控制塔里的领航员了——然后他们等待，等待飞机降落。他们被称为草包族，他们每件事都做对了，一切都十分神似，看来跟战时没什么两样；但这行不通：飞机始终没有降落下来。这是为什么我叫这类东西为"草包族科学"，因为它们完全学足了科学研究的外表，一切都十分神似，但是事实上它们缺乏了最重要的部分——因为飞机始终没有降落下来。

接下来，按道理我应该告诉你，它们缺乏的是什么，但这和向那些南太平洋小岛上的土人说明，是同样的困难。你怎么能够说服他们应该怎样重整家园，自力更生地生产财富？这比"告诉他们改进耳机形状"困难多了。不过，我还是注意到"草包族科学"的一个通病，那也是我们期望你在学校里学了这么多科学之后，已经领悟到的观念——我们从来没有公开明确地说那是什么，却希望你能从许许多多的科学研究中省悟到。因此，像现在这样公开的讨论它也是蛮有趣的。这就是"科学的品德"了，这是进行科学思考时必须遵守的诚实原则——有点尽力而为的意思在内。举个例子，如果你在做一个实验，你应该把一切可能推翻这个实验的东西纳入报告之中，而不是单把你认为对的部分提出来；你应该把其他同样可以解释你的数据的理论，某些你想到、但已透过其他实验将之剔除掉的事物等，全部包括在报告中，以使其他人明白，这些可能性都已被排除。

你必须交代清楚任何你知道、可能会使人怀疑的细枝末节。如果你知道哪里出了问题，或可能会出问题，你必须要尽力解释清楚。比方说，你想到了一个理论，提出来的时候，便一定要同时把对这理论不利的事实也写下来。这里还牵涉到一个更高层次的问题。当你把许多想法放在一起构成一个大理论，提出它与什么数据相符合时，首先你应该确定，它能说明的不单单是让你想出这套理论的数据，而是除此以外，还能够说明其他实验数据。

总而言之，重点在于提供所有信息，让其他人得以裁定你究竟作出了多少贡献；而不是单单提出会引导大家偏向某种看法的资料。

要说明这个概念，最容易的方法是跟广告来作个对照。昨天晚上我看到一个广告，说"威森食用油"（Wesson Oil）不会渗进食物里头。没有错，这个说法并不能算是不诚实，但我想指出的不单是要老实而已，这是关系到科学的品德，这是更高的层次。那个广告应该加上的说明是：在某个温度之下，任何食用油都不会渗进食物里头；而如果你用别的温度呢，所有食用油，包括威森食用油在内，都会渗进食物里头。因此他们传播的只是暗示部分，而不是事实；而我们就要分辨出其中的差别。

根据过往的经验，真相最后还是会有水落石出的一天。其他同行会重复你的实验，找出你究竟是对还是错；大自然会同意或者不同意你的理论。而虽然你也许会得到短暂的名声及兴奋，但如果你不肯小心地从事这些工作，最后你肯定不会被尊为优秀科学家的。这种品德，这种不欺骗自己的刻苦用心，就是大部分草包族科学所缺乏的配料了。

它们碰到的困难，主要还是来自研究题材本身，以及根本无法将科学方法应用到这些题材上。但这不是唯一的困难。这是为什么飞机没有着陆！

从过往的经验，我们学到了如何应付一些自我欺骗的情况。举个例子，密立根（Robert Millikan）做了个油滴实验，测量出了电子的带电荷量，得到一个今天我们知道是不大对的答案。他的数据有点偏差，因为他用了个不准确的空气黏滞系数数值。于是，如果你把在密立根之后、进行测量电子带电荷量所得到的数据整理一下，就会发现一些很有趣的现象：把这些数据跟时间画成坐标图，你会发现这个人得到的数值比密立根的数值大一点点，下一个人得到的数据又再大一点点，下一个又再大上一点点，最后，到了一个更大的数值才稳定下来。

为什么他们没有在一开始就发现新数值应该较高？——这件事令许多相关的科学家惭愧脸红——因为显然很多人的做事方式是：当他们获得一个比密立根数值更高的结果时，他们以为一定哪里出了错，他们会拼命寻找，并且找到了实验有错误的原因。另一方面，当他们获得的结果跟密立根的相仿时，便不会那么用心去检讨。因此，他们排除了所谓相差太大的数据，不予考虑。我们现在已经很清楚那些伎俩了，因此再也不会犯同样的毛病。

　　然而，学习如何不欺骗自己，以及如何修得科学品德等等——抱歉——并没有包括在任何课程中。我们只希望能够透过潜移默化，靠你们自己去省悟。

　　第一条守则，是不能欺骗自己——而你却是最容易被自己骗倒的人，因此必须格外小心。当你能做到不骗自己之后，你很容易也能达到不欺骗其他科学家的地步了。在那以后，你就只需要遵守像传统所说的诚实方式就可以了。

　　我还想再谈一点点东西，这对科学来说并不太重要，却是我诚心相信的东西——那就是当你以科学家的身份讲话时，千万不要欺骗大众。我不是指当你骗了你妻子或女朋友时应该怎么办，这时你的身份不是科学家，而是个凡人，我们把这些问题留给你和你的牧师。我现在要说的是很特别、与众不同、不单只是不欺骗别人，而且还尽其所能说明你可能是错了的品德，这是你作为科学家所应有的品德；这是我们作为科学家，对其他科学家以及对非科学家，都要负起的责任。

　　让我再举个例子。有个朋友在上电台节目之前跟我聊起来，他是研究宇宙学及天文学的，而他很感困惑，不知道该如何谈论这些工作的应用。我说："根本就没有什么应用可言。"他回答："没错，但如果这么说，我们这类研究工作就更不受支持了。"我觉得很意外，我想那是一种不诚实。如果你以科学家的姿态出现，那么你应该向所有非科学家的大众说明你的工作——如果他们不愿意支持你的研究，那是他们的决定。

　　这个原则的另一形态是：一旦你下决心要测试一个定理，或者是说明某些观念，那么无论结果偏向哪一方，你都应该把结果发表出来。如果单发表某些结果，也许我们可以把论据粉饰得很漂亮堂皇，但事实上，我们一定要把正反结果都发表出来。

　　我认为，在提供意见给政府时，也需要同样的态度。假定有位参议员问你，应不应该在他代表的州里进行某项钻井工程，而你的结论是应该在另一州进行这项工程，如果你因此不发表这项结论，对我而言，你并没有提供真正的科学意见，你只不过是被利用了。换句话说，如果你的答案刚好符合政府或政客的方向，他们就把它用在对他们有利的事情上，但是一旦出现另一种情况就不发表出来。这并非提供科学意见之道！

　　其他许多错误比较接近于低品质科学的特性。我在康奈尔大学教书时，经常跟心理系的人讨论。一个学生告诉我她计划做的实验：其他人已发现，在某些条件下，比方说是 X，老鼠会做某些事情 A。她很好奇的是，如果她把条件转变成 Y，它们还会不会做 A。于是她计划在 Y 的情况下，看看它们还会不会做 A。我告诉她说，她必须首先在实验室里重复别人做过的实验，看看在 X 的条件下会不会也得到结果 A，然后再把条件转变成 Y，看看 A 会不会改变。然后她才能知道其中的差异是否如她所想象的那样。

　　她很喜欢这个新构想，跑去跟教授说；但教授的回答是："不，你不能那样做，因为那个实验已经有人做过，你在浪费时间。"这大约是 1947 年的事，其后那好像变成心理学的一般通则了：大家都不重复别人的实验，而单纯地改变实验条件看结果。

今天，同样的危险依然存在，甚至在著名的物理这一行也不例外。我很震惊地听到在国家加速器实验室完成的一个实验的情形。在实验中，这个研究人员用的是氘（一种重氢）。而当他想将这些结果跟使用轻氢的情况作一比较时，他直接采用了别人在不同仪器上得到的轻氢数据。当别人问他为什么这样做时，他说这是由于他计划里没有剩余时间重复那部分的实验，而且反正也不会有新的结果……于是，由于他们太急着要取得新数据，以取得更多的资助，让实验能继续下去，他们却很可能毁坏了实验的价值本身；而这才应该是原先的目的。很多时候，那里的实验家没法按照科学品德的要求来进行研究！

必须补充一句，并不是所有心理学的实验都是这个样子的。我们都知道，他们有很多老鼠走迷宫的实验，曾经有很久都没有什么明显的结论。但在1937年，一位名为杨格（Young）的人进行了一个很有趣的实验。他弄了个迷宫，里面有条很长的走廊，两边都有许多门。老鼠从这边的门走进来，而在另一边的门后是食物。他想看看能不能训练老鼠从第三道门走进去——不管原本他让老鼠从哪个门走起。他发现办不到；老鼠立刻会走到原先找到食物的门。

那么问题是，由于走廊造得很精美，每个门看来也一样，老鼠到底是怎样认出先前到过的门？很显然这道门有点不同！于是他把门重新漆过，让每道门看来都一样。但那些老鼠还是认得最初走过的门。接着他猜想也许是食物的味道，于是每次老鼠走完一次之后，他便用化学物品把迷宫的气味改变，它们还是回到原来的门那里。他再想到，老鼠可能依靠实验室里的灯光或布置来判断方向，像人那样；于是他把走廊盖起来，但结果还是一样。

终于他发现，它们是靠着在路面走过时发出的声音来辨认路径的，而唯一的方法是在走廊内铺上细砂。于是他追查一个又一个的可能，直到把老鼠都难倒，最后全都要学习如何走到第三个门内。如果他放松了任何一项因素，小老鼠全都知道的。

从科学观点来看，那是个第一流的实验。这个实验使得老鼠走迷宫之类的实验有价值，因为它揭开了老鼠真正在利用的条件——不是你猜它在用的条件。这个实验告诉我们：你要改变那些条件，要如何小心翼翼地控制及进行老鼠走迷宫的实验。

我追踪了这项研究的后续发展。我发现在杨格之后的类似实验，全都没有再提到这个实验。他们从来没有在迷宫里铺上细砂或者是小心执行实验。他们走回头路，让老鼠像从前般走迷宫，全然没有注意杨格的伟大发现。他们之所以没提起杨格的论文，只不过是因为他们认为他没有发现老鼠的什么结果。但事实上，他已经发现了你必须先做的准备，否则你休想能发现老鼠的什么结果。草包族科学通常就忽略了这种重要的实验。

另一个例子是超能力的实验了。就像很多人提出过的批评一样——甚至他们本身也提出过——他们改进其技巧，使得效应愈来愈少，终于全无效应。所有研究超自然现象的心理学家，都在寻找可以重复的实验（可以再做一次而得到同样的效应），甚至只要求一个统计上的数字便好了。于是他们试验了一百万只老鼠——噢，对不起，我的意思是人——做了很多实验，取得某些统计数字。但下一次再试时，他们又没法获得那些现象了。现在甚至有人会说，期望超能力实验可以重复是种细枝末节的要求。这就是科学了吗？

这个人原本是"超自然心理学院"的院长，而当他作退休演说时，他谈到设立新的机构，他更告诉其他人，下一步是大家应该挑选那些已明显有超能力的学生来训练，而不要浪费时间在那些对这些现象很有兴趣、却只偶然有超能力效应出现的学生。我认为这种教育政策是十分危险的——只教学生如何得到某些结果，而不是如何固守科学品德、进行实验。

因此我只有一个希望：你们能够找到一个地方，在那里自由自在地坚持我提到过的品德；而且不会由于要维持你在组织里的地位，或是迫于经济压力，而丧失你的品德。

我诚心祝福，你们能够获得这样的自由。

当越来越多的人仅仅把科学研究作为谋生手段时，费曼所希望的这个"地方"就越来越难以找到了。

选自《别闹了，费曼先生》，[美]费曼著，吴程远译，三联书店，1997年。

人类不是宇宙的中心

卡尔·萨根

| 导读 |

卡尔·萨根（Carl Sagan, 1934—1996）曾是美国康奈尔大学天文学教授，世界著名科普作家。1934 年 11 月 9 日出生于纽约布鲁克林，1955 年获芝加哥大学物理学学士学位，1956 年获物理学硕士学位，1960 年获天文学和天体物理学博士学位。60 年代在哈佛大学任教，1971 年任康奈尔大学教授。

萨根一生主要从事行星天文学包括金星上的温室效应和火星上的季节变化等、核战争对环境的影响、地球上的生命起源、外星智能生命探索等领域的研究，是宇宙生物学的创始人和开拓者之一。长期以来他一直担任康奈尔大学天文学和太空科学的硕士生和博士生导师。曾任美国天文学协会行星科学学会主席，美国地球物理学会联合会行星研究会主席，美国科学促进协会行星学会主席，在美国的太空计划中起到了十分重要的作用，曾荣获美国航空航天局的特别科学成就奖，两次获得公共服务奖和航空航天局颁发的阿波罗成就奖。

萨根还是伟大的科普作家，他1980年推出的16集电视序列片《宇宙》在世界上引起强烈反响，这部电视片被翻译成十多种语言，在六十多个国家放映，观众达到五亿。这部电视片获得米·彼博迪大奖。与电视片配套的科普书籍《宇宙》在《纽约时报》连续70周居最畅销书榜首位。他一生著述甚丰，以《伊甸园的飞龙》《布鲁卡的脑》《无人曾想过的道路：核冬天和武器竞赛的终结》《被遗忘的前辈的影子》《接触》《彗星》《宇宙中的智能生命》《暗淡蓝点——展望人类的太空家园》和《魔鬼出没的世界》等书籍最为读者所喜爱。其中《伊甸园的飞龙》获美国普利策奖。国际天文学联合会于1982年将2709号小行星命名为"卡尔·萨根"。

卡尔·萨根

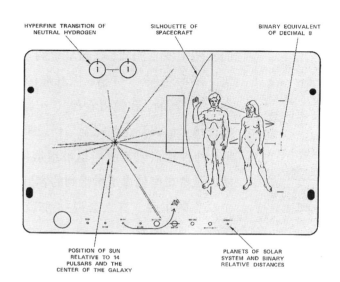

萨根设计的先驱者 10 号上的地球名片

　　人类的每一种文化都把自身看成是处于宇宙的中心——现在就让我们先来考虑一下这个重要而又令人悲叹的事实。为什么会是这样呢？我觉得那很清楚：回到狩猎、采集者的年代，那时还没像当今时代晚间有电视看，有那么多的娱乐节目。所以在熄灭了的篝火余烬旁边，人们徒有仰观群星的消遣。为什么？一个显而易见的原因便是星辰的熠熠闪亮。今天，人们却生活在饱受化学污染的天空之下，光线污染也无处不在，我们几乎已经忘记了，夜晚的天空曾是多么的美妙。那不只是美的感受，它也自然而然地使人产生了一种敬畏之情。

俗话说"好奇心杀死猫"，也有寓言故事警示人类不要好奇心太过，譬如"潘多拉盒子"的故事，但是好奇心确实是科学发现的原动力。人类进步的动力只有是这样发自人深藏的本性才不会枯竭，任何带有功利目的的动力，一旦目的达到，就会消失。

随后，人们开始编造星星的故事。他们发明了罗夏测验，联起星星的点，便构筑了那些星座。"奥格，你看那像不像个熊？""真的，我觉得它像。"于是，他们就让孩子们强记这些完全是任意画定的图形，种种神话或前或后也被编造出来了。所以这些星座就成了看得到的容易让人产生联想的东西。有人会说："那就是把你爷爷吃掉了的熊。"

最粗略地观察一下天空，也会看到星辰是从东方升起。它们有些笔直地来到我们的头顶上，有些靠近地平面以小的弧形划过去，但都是从东方升起，也都在西方落下；那么在白天，它们有其他的事情要做。它们不知怎么跑到了我们大家都没有见到过的大地的下面（大地当然是像一片扁平的木板），然后，第二天早上它们又从东方升了起来。毫无疑问，星辰、太阳、月亮它们都环绕着我们走动。我们显然是不动的。所以我们是静止地坐落在宇宙的中心。这是可以看得到的事实。谁要是怀疑它，谁一定就有点什么问题。这是地球中心说（地心说）的概念。

　　好了，不仅是所有的文化都得出了这个结论，而且，我们的祖先还都因此得到了很大的满足。想想看：我们是宇宙的中心。宇宙的中心当然是个很重要的地方。不只是如此，星辰明显的转动对于其他动物、其他植物有什么用呢？其实这只是对我们人类有用。因此，那些星辰之所以置放在那里，是为了我们的需要。太阳和月亮显然也都有它们的用处，但还有些地方让人感到困惑。你们可能知道波斯的智者和思想家的一个故事，有人问他们："太阳和月亮哪个更有用处？"他们回答说："当然是月亮。因为太阳是在已经有光亮的时候才出来，但月亮却是在需要光亮的夜晚里光照我们。"我们以自我为中心的态度是让人吃惊的。

　　现在，所有的人都被教导说，地球不是宇宙的中心。但我觉得现在还有很多证据表明我们暗地里仍然相信地心说，只是表面上装扮成相信日心说而已。比如，想想我们的语言吧："太阳出来了""我

　　确实，知识很大程度是"被教导"的，对于"地球在自传，同时在绕日公转"这样一个常识你如何教给小学生们呢？恐怕最省事的办法就是让他们相信这一点，然后背出这一句话。

在太阳出来之前就起来了""太阳落下去了""这是一个光彩夺目的日落"。然而，太阳并没有升起、落下，只是地球在转动。瞧，只为了符合哥白尼的看法，解析一个简单的单词或短语会是多么困难："比利，你要保证在地球转动到当地的地平线把太阳遮起来之前回到家里。"不等你说完一半，比利早就走了。为什么在哥白尼的说法之中没有像"日出""日落"这样简洁的词儿呢？

最近的素养调查发现，有 25% 到 50% 的成年美国人不知道地球用一年的时间绕太阳一周。在中国，这个数字是 70%。[1] 请记住，哥白尼的看法在美国宣讲得很多，可至少仍然有四分之一的人没有弄清楚；在中国，她没有宇航局，她的电视节目不那么复杂，不懂的人的比率自然就大得多。如果一般的情况类似于在中国的情形，那么，在哥白尼之后五个世纪的今天，地球上大多数人在心底里仍然认为地球是

天文学史上的每一次关键进展，如从地心说到日心说、从大银河系到河外星系等，都是不断贬低人类在宇宙的位置的过程。所以说，一部天文学史就是人类不断自我贬低的历史。

---

[1] 本处引用的数据不知道从哪里来。这恰恰表征这个素养调查未必合理。——编校者

中心，所以想庆贺我们有了对我们在宇宙中的真实情况的知识，可能还是为时过早（同时，我想，我们谁能设法走出这种境地，那真是有理由值得骄傲的）。

依我看，科学史中有很大的部分可以理解为哥白尼式的争论。对于许多情况，十分普遍的立场是：我们是中心，我们是重要的，人类是美妙的，是伟大的。然后才对我们所处的环境加以实际的观察；在这之前，从来没有人曾想到应该看一看。这时候，得出了让人吃惊、使人不安的发现：不，我们不是中心；不，我们并不重要。对我来说，科学上的许多关键性的发现，许多近代科学的观点，就是从这种形式的争论中产生的；安·德鲁扬称这种形式的争论为"大贬谪"。

如果我们真有难以抑制的内驱力，要成为中心并且显得举足轻重，那么我们知道我们能够做到什么。我们可以认真遵循我们大多数人立誓信仰的重要宗教的博爱和仁爱的训诫。我们可以朝着为我们这个行星上亿万穷苦人在经济上能够自足的方向努力奋进。我们可以确信：我们知道在我们当中有着什么危险的倾向，以及我们在过去的历史中曾经犯过多少致命的错误。我们应该让我们的儿孙在成长过程中无法忽视这个问题。我们可以关怀、爱护这个星球的环境，因为是这个环境在支撑着我们，以及其他和我们共同分享它的众多物种。我们每一个人，都能够在民主进程中起到强有力的、原则性的作用。我们能够坚持让我们选举出来的官员们诚实并且不自私。[①] 我们能够根据勇敢的提问和回答问题的深度来判断我们的进展，判断我们是否宁可接受那真实的事物，而不是那听来似乎是不错的事物。如果我们想要做到举足轻重——不是被动地因为我们凑巧降生于这个物种或我们这个民族，或是凑巧出生在这个行星上，而是由于我们行动的美德——我们知道我们能够做些什么。

选自《卡尔·萨根的宇宙》，耶范特·特奇安、伊丽莎白·比尔森主编，
周惠民、周玖译，上海科技教育出版社，2000 年。

---

① 这表明萨根本人在政治上十分幼稚。——编校者

我的立场

霍 金 |

| 导读 |

史蒂芬·霍金(Stephen Hawking)于1942年1月8日出生于英国牛津,这一天是伽利略去世整整300周年的纪念日,这个巧合似乎赋予霍金一种与生俱来的历史感和使命感。然而直到1962年霍金在牛津的三年大学生涯快要结束时,他仍然是一位邋遢、懒散,喝酒时间多于看书时间的学生,但他对数学和理论物理具有独特的天赋和悟性,所以他申请去剑桥大学攻读宇宙学博士学位,并打算师从著名的宇宙学家霍伊尔(Fred Hoyle)。

但是剑桥大学安排给霍金的导师是一位他从没有听说过的丹尼斯·夏马(Denis Sciama),霍金一度将这视作灾难。然而真正的灾难是,在他进剑桥的第二年即1963年1月,就被诊断出患了肌萎缩性侧索硬化症,也叫运动神经细胞疾病。医生预料霍金活不过两年，但霍金似乎没有为此消沉太久，尤其是来自一位叫简（Jane Wilde）的姑娘的爱情，让霍金有了生活的目的。他们很快订了婚。为了结婚，霍金需要一个工作；为了找到工作，霍金需要一个博士学位。

霍金以后的人生历程是在创造一系列的奇迹，随着他身躯逐渐垮塌——只能靠轮椅行动、只有三根手指能动、丧失语言能力——他的学术成就和声望却迅速上升，直到如日中天。霍金所到之处都如英雄般受到欢迎。

1965年霍金以优异的成绩获得博士学位之后，成为剑桥大学凯斯学院（Gonville and Caius College）的研究员。在1965年到1970年间，霍金跟彭罗斯（Roger Penrose）合作，证明了广义相对论的奇性不可避免。1973年霍金进入剑桥大学应用数学和理论物理系，并在该年首次提出黑洞辐射概念，现在被叫作"霍金辐射"。1974年因发现黑洞的霍金辐射而成为英国皇家学会会员，时年32岁，这是皇家学会历史上少有的年轻会员。1979年起，霍金担任剑桥大学的卢卡斯数学教授职位，这是牛顿和狄拉克（Paul Dirac）曾经担任过的职位。1982年，霍金被英国女王授予勋爵。

除了学术著述之外，霍金迄今为止已经撰写了多种科普读物，其中《时间简史》已发行1 000万册，在英国是仅次于《圣经》和莎士比亚著作的畅销书。本文选自他的演讲集，讨论了他在科学研究中采取的立场和态度。

霍金在剑桥的办公室

这篇文章不是关于我信仰上帝与否。我将讨论我如何理解宇宙的方法：作为"万物理论"的大统一理论的现状和意义。这里存在一个真正的问题。研究和争论这类问题应是哲学家的天职，可霍金对"科学哲学"家的评论稍嫌尖刻，但也反映了一定的事实。科学哲学研究的对象很难把前沿领域的物理学包括进去，这不单单是科学哲学家掌握不了前沿物理学所需要的数学工具，而更是因为科学哲学研究的对象，譬如物理学，需要在科学史上有一定的时间跨度。

霍金在这里叙述的物理学家实际上怎么做的是一种证伪主义的纲领，霍金不小心又被贴了一次标签。

惜他们多半不具备足够的数学背景，以赶上现代理论物理进展的节拍。还有一种科学哲学家的子族，他们的背景本应更强一些。但是，他们中的许多人是失败的物理学家，他们知道自己无能力发现新理论，所以转业写作物理学哲学。他们仍然为20世纪初的科学理论，诸如相对论和量子力学而喋喋不休。他们实际和物理学的当代前沿相脱节。

也许我对哲学家们过于苛刻一些，但是他们对我也不友善。我的方法被描述成天真的和头脑简单的。我在不同的场合曾被称为唯名论者、工具主义者、实证主义者、实在主义者以及其他好几种主义者。其手段似乎是借助污蔑来证伪：只要对我的方法贴上标签就可以了，不必指出何处出错。无人不知这些主义的致命错误。

在实际推动理论物理进展的人们并不认同于哲学家和科学史家为他们发明的范畴。我敢断定，爱因斯坦、海森堡和狄拉克对于他们是否为实在主义者或者工具主义者根本不在乎。他们只是关心现存的理论不能相互协调。在发展理论物理中，寻求逻辑自洽总是比实验结果更为重要。优雅而美丽的理论会因为不和观测相符而被否决，但是我从未看到任何仅仅基于实验而发展的主要理论。首先是需求优雅而协调的数学模型提出理论，然后理论作出可被观测验证的预言。如果观测和预言一致，这并未证明该理论；只不过该理论存活以作进一步的预言，新预言又要由观测来验证。如果观测和预言不符，即抛弃该理论。

或者不如说，这是应当这么发生的。但在实际中，人们非常犹豫放弃他们已投注大量时间和心血的理论。通常他们首先质询观测的精度。如果找不出毛病的话，就以想当然的方式来修正理论。该理论最终就会变成丑陋的庞然大物。然后某人提出一种新理论，所有古怪的观测都优雅而自然地在新理论中得到解释。1887 年进行的麦克尔逊—莫雷实验即是一个例子，它指出不管光源还是观测者如何运动，光速总是相同的。这简直莫名其妙。人们原先以为，朝着光运动比顺着光运动一定会测量出更高的光速，然而实验的结果是，两者测量出完全一样的光速。在接着的 18 年间，亨得利克·洛伦兹和乔治·费兹杰朗德等人试图把这一观测归纳到当时被接受的空间和时间观念的框架中。他们引进了想当然的假设，诸如物体在进行高速运动时被缩短。物理学的整个框架变得既笨拙又丑陋。之后，爱因斯坦在 1905 年提出了一种远为迷人的观点，时间自身不能是完全独立的。相反的，它和空间结合成称为时空的四维的东西。爱因斯坦之所以得到这个思想，与其说是由于实验的结果，不如说是由于需要把理论的两个部分合并成一个协调的整体。这两个部分便是制约电磁场的，以及制约物体运动的两套定律。

我认为，无论是爱因斯坦还是别的什么人在 1905 年都会意识到，相对性的这种新理论是多么简单而优雅。它完全变革了我们关于空间和时间的观念。这个例子很好地阐明了，在科学的哲学方面很难成为实在主义者，因为我们认为实在的是以我们所采用的理论为前提。我能肯定，洛伦兹和费兹杰朗德在按照牛顿的绝对空间和绝对时间观念来解释光速实验时都自认为是实在主义者。这种时间和空间的概念似乎和常识以及实在相对应。然而今天仍有极少数的熟悉相对论的人持有不同的观点。我们必须不断告诉人们，对诸如空间和时间的基本概念的现代理解。

如果我们认为，实在依我们的理论而定，怎么可以用它作为我们哲学的基础呢？在我认为存在一个有待人们去研究和理解的宇宙的意义上，我愿承认自己是个实在主义者。我把唯我主义者的立场看成是在浪费时间，他们认为任何事物都是我们想象的创造物。没人基于那个基础行事。但是没有理论我们关于宇宙就不能说什么是实在的。因此，我采取这样的被描述为头脑简单或天真的观点，即物理理论不过是我们用以描写观察结果的数学模型。如果该理论是优雅的模型，它能描写大量的观测，并能预言新观测的结果，则它就是一个好理论。除此以外，问它是否和实在相对应就没有任何意义，因为我们不知道什么与理论无关的实在。这种科学理论的观点可能使我成为一个工具主义者或实证主义者——正如我在上面提及的,他们是这么称呼我的。称我为实证主义者的那位进一步说道,人所共知,实证主义已经过时了——这是用污蔑来证伪的又一例证。它在过去的知识界时兴过一阵,就这一点而言的确是过时了。但我所概括的实证主义似乎是人们为描写宇宙而寻找新定律新方法的仅有的可能的立场。因为我们没有和实在概念无关的模型,所以求助于实在将毫无用处。

依我的意见,对与模型无关的实在的蕴含的信仰是科学哲学家们在对付量子力学和不确定原理时遭遇到困难的基本原因。有一个被称为薛定谔猫的著名理想实验。一只猫被置于一个密封的盒子中。有一杆枪瞄准着猫,如果一颗放射性核子衰变就开枪。发生此事的概率为50%(今天没人敢提这样的动议,哪怕仅仅是一个理想实验,但是在薛定谔时代,人们没听说过什么动物解放之类的话)。

如果人们开启盒子,就会发现该猫非

霍金大可不必为别人给他贴上了一张"过时了的"实证主义标签而光火。说某某东西过时了,不是一个科学的论证,就像人们说某件衣服过时了一样,带有非理性的成分。

死即生。但是在此之前，猫的量子态应是死猫状态和活猫状态的混合。有些科学哲学家觉得这很难接受。猫不能一半被杀死另一半没被杀死，他们断言，正如没人处于半怀孕状态一样。使他们为难的原因在于，他们蕴含地利用了实在的一个经典概念，一个对象只能有一个单独的确定历史。量子力学的全部要点是，它对实在有不同的观点。根据这种观点，一个对象不仅有单独的历史，而且有所有可能的历史。在大多数情形下，具有特定历史的概率会和具有稍微不同历史的概率相抵消；但是在一定情形下，邻近历史的概率会相互加强。我们正是从这些相互加强的历史中的一个观察到该对象的历史。

在薛定谔猫的情形下，存在两种被加强的历史。猫在一种历史中被杀死，在另一种中存活。两种可能性可在量子理论中共存。因为有些哲学家蕴含地假定猫只能有一个历史，所以他们就陷入这个死结而无法自拔。

时间的性质是我们物理理论确定我

"把理论视作一种模型的实证主义方法，是理解宇宙的仅有手段。"这是霍金在本文中所要阐述的观点。虽然它带有了一定的哲学味道，但确实是一种很值得采取的理论研究方法。霍金本人的研究实践，本质上就是要构建一个关于黑洞和宇宙的数学模型，然后从模型内在的逻辑出发，来预言黑洞和我们身处其中的宇宙应该有什么样的行为。

们实在概念的又一例子。不管发生了什么，时间总是勇往直前且被认为是显而易见的。但是相对论把时间和空间结合在一起，而且告知我们两者都能被宇宙中的物质和能量所卷曲或畸变。这样，我们对时间性质的认识就从与宇宙无关改变成由宇宙赋予形态。这样，在某一点以前时间根本没有意义就变成可以理解的了；当人们往过去回溯，就会遭遇到一个不可逾越的障碍，即奇点，他不能超越奇点。如果情形果真如此，去询问何人或何物引起或创造大爆炸便毫无意义。谈论归因或创生即蕴含地假设在大爆炸奇点之前存在时间。爱因斯坦的广义相对论预言，时间在 150 亿年前的奇点处必须有个开端，我们知道这一点已经 25 年了。但是哲学家们还没有掌握这个思想。他们仍然在为 65 年前发现的量子力学的基础忧虑。他们没有意识到物理学前沿已经前进了。

更糟糕的是虚时间的数学概念。詹姆·哈特尔和我提出，宇宙在虚时间里既没有开端又没有终结。我因为谈论虚时间受到

人们相信数学模型能够逼近物理的真实，这种信念起源于古希腊。柏拉图的哲学认为经验世界只是超感世界的反映。超感世界里的完美运动可用数学来描述。譬如天体的完美运动应该是匀速圆周运动。这种构建一种高于经验世界的数学模型的方法，后来一直是科学史上认识事物规律的有效方法。伽利略也好，牛顿也好，爱因斯坦也好，都遵循了这样的方法。伽利略被尊奉为近代科学的创始人，他的伟大贡献就是首次把数学方法和实验方法结合了起来。牛顿为解决万有引力定律中的疑难，发明了数学的重要分支——微积分学。爱因斯坦的广义相对论思想之所以能得到顺利表达，是因为一种不食人间烟火的与经验世界毫不相干的几何学——非欧几何学早已经建立起来了。

那么，一个数学模

型究竟能在多大程度上逼近物理的真实呢？或者说，如何判断一个数学模型，或者一个科学理论的可靠程度呢？这其实是科学哲学的经典话题。从前文看出来，霍金持有的是波普尔的证伪主义。

一位科学哲学家的猛烈攻击。他说：像虚时间这样的一种数学技巧和实在宇宙有什么相关呢？我以为，这位哲学家把专业数学术语实的以及虚的数和在日常语言中的实在的以及想象的使用方式弄混淆了。这刚好阐述了我的要点：如果某物与我们用以解释它的理论或模型无关，何以知道它是实在的？

我用了相对论和量子力学中的例子来显示，人们在试图赋予宇宙意义时所面临的问题。你是否理解相对论和量子力学，或者这些理论甚至是错误的，实际上都无关紧要。我所希望显示的是，至少对于一名理论物理学家而言，把理论视作一种模型的实证主义的方法，是理解宇宙的仅有手段。我对我们找到描述宇宙中的万物的一套协调模型满怀信心。如果我们达到这个目标，那将是人类真正的胜利。

本文是作者于 1992 年 5 月在剑桥凯尔斯学院的讲演，收录于《霍金讲演录——黑洞、婴儿宇宙及其他》（第六章），[英] 史蒂芬·霍金著，杜欣欣、吴忠超译，湖南科学技术出版社，2001 年。

声 明

按照《中华人民共和国著作权法》相关规定，本书中所涉及文字作品、美术作品、摄影作品等，我们已尽量寻找原作者支付报酬，但因条件限制有些仍未能联系到原作者，原作者如有关于支付报酬事宜可及时与出版社联系。

图书在版编目（CIP）数据

科学发现：揪住自然的尾巴尖/江晓原主编. — 上海:上海教育出版社, 2019.6
（江晓原科学读本）
ISBN 978-7-5444-9229-4

Ⅰ.①科… Ⅱ.①江… Ⅲ.①科学发现－普及读物
Ⅳ.①N19-49

中国版本图书馆CIP数据核字(2019)第122308号

策划编辑　宁彦锋
责任编辑　章琢之　茶文琼
书籍设计　陆　弦
印装监制　朱国范

江晓原科学读本
科学发现：揪住自然的尾巴尖
江晓原　主编

出版发行　上海教育出版社有限公司
官　　网　www.seph.com.cn
地　　址　上海市永福路123号
邮　　编　200031
印　　刷　上海中华商务联合印刷有限公司
开　　本　889×1194　1/32　印张 6.25　插页 4
字　　数　122 千字
版　　次　2019年7月第1版
印　　次　2019年7月第1次印刷
书　　号　ISBN 978-7-5444-9229-4/N·0025
定　　价　48.00 元

如发现质量问题，读者可向本社调换　电话：021-64377165